新型研发机构
科技人才评价模式创新
基于智能化技术背景

INNOVATION OF TECHNOLOGY TALENT EVALUATION MODEL

IN NEW TYPE R&D INSTITUTIONS:

BASED ON INTELLIGENT TECHNOLOGY BACKGROUND

孙　毅　孙韶阳　著

厦门大学出版社

国家一级出版社
全国百佳图书出版单位

XIAMEN UNIVERSITY PRESS

图书在版编目（CIP）数据

新型研发机构科技人才评价模式创新 ：基于智能化技术背景 / 孙毅，孙韶阳著. -- 厦门 ：厦门大学出版社，2024.12. --（管理新视野）. -- ISBN 978-7-5615-9526-8

Ⅰ. G316

中国国家版本馆 CIP 数据核字第 2024QV4837 号

责任编辑　江珏玙
美术编辑　李嘉彬
技术编辑　朱　楷

出版发行　厦门大学出版社
社　　　址　厦门市软件园二期望海路 39 号
邮政编码　361008
总　　　机　0592-2181111　0592-2181406(传真)
营销中心　0592-2184458　0592-2181365
网　　　址　http://www.xmupress.com
邮　　　箱　xmup@xmupress.com
印　　　刷　厦门市金凯龙包装科技有限公司

开本　720 mm×1 020 mm　1/16
印张　19.5
插页　2
字数　250 千字
版次　2024 年 12 月第 1 版
印次　2024 年 12 月第 1 次印刷
定价　68.00 元

本书如有印装质量问题请直接寄承印厂调换

厦门大学出版社
微信二维码　　　厦门大学出版社
微博二维码

序

科技人才无疑是推动社会进步和经济增长的核心动力。他们是创新的源泉,是未来的建设者,是改革的先锋,是推动时代向前的中坚力量。习近平总书记在中央人才工作会议上强调,实现第二个百年奋斗目标,高水平科技自立自强是关键,综合国力竞争说到底是人才竞争。

科技人才评价体系的持续优化,是国家的命题,也是时代的命题。如何客观评价与有效激励科技人才,深刻地影响着一个机构、一方经济乃至一个国家的发展与未来。

之江实验室的建设与发展见证了人工智能、大数据分析与云计算等技术如何富有潜力地改变我们对科研工作的认知与组织。身处国家科技与创新的前沿阵地,我深切感受到对于科技人才评价体系的创新不仅是科研机构的需求,更是高校、企业、政府部门共同面临的创新挑战。我在人才办工作期间,进一步体会到了科技人才引育、人才评价、人才激励、人才管理等相关工作的紧迫性与重要性,人才工作的创新与优化面临着诸多挑战,其中,如何公正有效地评估科技人才的成果与价值,激发他们的潜力,并保持他们的创造力与动力，就是摆在我们面前的重大课题与难题。

随着智能化技术的飞速发展，数据分析、预测模型和机器学习算法等技术工具提供了新的途径，帮助我们更全面、深入、客观地进行人才的评价和发展规划。智能化技术或有机会大幅提升我们对科技人才评价的维度和精度——在大规模数据的支撑下进行综合分析和动态评估，我们开始有可能更全面地捕捉到科技人才的多方面能力和潜力变化，从而实现更为个性化、有发展导向和激励性的评价。

与此同时，新型研发机构作为我国科技发展的重要力量之一，不仅在科研组织与管理方式上进行创新，在科技人才的管理方面，也有着更多的探索空间。我有幸亲历了实验室科研管理与人才管理的建设与融合的过程，撰写本书旨在为新型研发机构——那些科创时代中乘风破浪的航行者们——提供一些理论研究与工作总结的经验分享。

本书共分七章，一方面，希望通过文献综述、案例分析，在理论与实践之间架设桥梁；另一方面，剖析智能化技术给人才评价带来的机遇，立足新型研发机构人才工作的视角，提出具有启发性、操作性的新模型和策略。本书从科技人才评价的框架与意义切入，逐步深入探讨新型研发机构在智能化技术背景下的人才评价模式的构建和应用。结合个人及团队的工作经验，将之江实验室人才工作的实践经验与智能化技术的理论研究相融合，试图提出一套一定程度上适合新型研发机构使用的、具有前瞻性的科技人才评价体系，旨在为科技人才的潜能释放、能力提升和职业发展提供更多的案例支持。

"不登高山,不知天之高也;不临深溪,不知地之厚也。"我在负责实验室人才工作期间,深切体会到了科技人才工作的难与重,衷心希望本书能为同行和读者们提供些许灵感与启发。

最后,我要感谢合作者以及所有为本书的顺利出版提供帮助的伙伴们,以及一直以来理解和鼓舞我的家人,没有他们的支撑,本书无法成为现实。与此同时,我还要感谢实验室的领导与同事们对我工作的关心与支持,让我有幸参与科技人才管理的相关工作,亲历科技人才管理这一国家与时代发展的重要课题的探索,"与有荣焉"。

愿我们在科技创新时代的浪潮中,都能不忘初心、勇往直前。

孙毅

2024 年 1 月

前 言

在智能化技术飞速发展的今天,传统评价模式在应对新兴技术和科技人才复杂性方面可能显得力不从心,研发机构科技人才评价模式的创新势在必行。因此,我们需要思考新型科技人才评价模式的构建,以更全面、精准地反映科技人才的实际能力和贡献。首先,智能化技术对评价模式的影响主要体现在数据的应用和分析上。通过采用大数据分析、机器学习等技术,可以更全面地收集和分析科技人才的工作成果、项目参与度、创新能力等方面的数据,为评价提供更为客观的依据。其次,新型评价模式需要更强调对创新能力和团队协作的评估。在智能化时代,强调个体创新和团队协作的平衡是至关重要的。

新的评价模式应该更注重发现和激励团队中的默契协作,以及个体在创新方面的独特贡献。同时,面对新技术的飞速发展,评价模式也需要更具灵活性和时效性。及时更新的数据和灵活的评价指标可以更好地适应科技环境的迅速变化,确保评价体系的准确性和及时性。然而,新型评价模式的创新也面临一些挑战,包括数据隐私和安全性、人工智能算法的不透明性等。解决这些问题需要制定明确的法规和伦理准则，并确保评价系统的公正性和透明度。

通过结合大数据分析、强调创新和团队协作、注重灵活性等创新对策，我们可以建立更为科学、公正、灵活的科技人才评价体系，促进科技人才的更好发展。本书将深入探讨智能化技术对科技人才评价模式的影响，提出创新的评价指标和方法，同时探讨可能的挑战和解决方案。通过这一研究，我们旨在为研发机构建立更为科学、公正、灵活的科技人才评价体系提供有益的思考和建议。

目　录

第一章　科技人才评价概览

第一节　关于科技人才评价的定义

科技人才评价是对科技领域从业者综合能力和业绩的定性和定量评估过程。这一过程旨在衡量科技人才在其领域内的创新能力、学术贡献、团队协作等方面的表现。为了更全面地理解科技人才评价，可以从以下几个方面展开讨论。

一、科技人才评价的定义

科技人才评价是一种系统的、综合的、科学的评估过程，通过对科技从业者在科研、创新、团队协作等方面的表现进行分析和判断，为科技人才的培养和选拔提供依据。

二、科技人才评价的层次结构

科技人才评价可以分为多个层次，包括个体层次和团队层次。在个体层次上,评价可以关注科技人才的学术水平、研究能力、创新潜力等个体特征。在团队层次上,评价可以关注科技人才在团队协作中的作用、领导力等群体特征。

在评价科技人才时,个体层次和团队层次的考量都是至关重要的。

(一)个体层次评价

1.学术水平

科技人才的学术水平是评价其综合能力的重要标志,以下对学术水平的各个方面进行详细论述。(1)论文数量是评价学术水平的一个重要指标。科技人才发表的论文数量多少直接反映了其在学术研究上的投入和产出。然而,仅仅数量不能全面反映学术水平,还需要考虑论文的质量。(2)论文的质量与影响因子直接相关。高影响因子的期刊发表的论文更容易被广泛引用,从而对学术界产生更大的影响。(3)学术声誉也是评价学术水平的重要组成部分。科技人才在学术领域的声誉反映了其在同行中的被认可程度,这可以通过参与学术会议、担任期刊审稿人、获得学术奖项等方式来体现。科技人才的学术声誉不仅仅体现在个人,还可以通过与其他领域专家的合作和交流来建立。

评价学术水平需要对以上三个方面进行综合考量。科技人才应当在发表高质量论文的同时,努力提高论文的影响因子,积累学术声誉。这种全面的学术水平表现既要求科技人才在研究中具备深厚的学科知识基础,又要求其在学术交流和合作中具备广泛的视野和团队合作精神。在综合考量这些因素的基础上,才能更全面地评价科技人才的学术水平。

2.研究能力

研究能力是科技人才评价的核心要素之一,以下对其各个方面进行详细论述。(1)参与科研项目的经历是评价研究能力的重要指标之一。科技人才在项目中的角色和贡献直接反映了其在团队协作和科研合作中的能力。参与不同性质的项目,尤其是主动争取并参与的项目,能够锻炼科技人才的研究动力和合作精神。(2)主持项目的经验也是评价研究能力的重要方面。主持项目需要科技人才具备项目管理、团队领导和研究设计等能力。通过主持项目,科技人才能够独立规划研究方向,组织团队协作,提高独立研究的能力。(3)所获得的科研成果是研究能力的最直接体现。科技人才应当以高水平的科研成果为目标,包括发表高影响力的论文、申请专利、参与项目获得奖励等。这些成果不仅体现了科技人才在学术上的贡献,还对其个人和团队的声誉产生积极影响。

总体而言,研究能力是科技人才综合素质的核心之一,需要科技人才具备扎实的学科基础、独立思考和解决问题的能力、团队合作精神等。评价研究能力不仅要看其在个别项目中的表现,还需要考察其整体的科研贡献和潜在的创新能力。

3.创新潜力

创新潜力是评价科技人才的重要指标,以下对创新潜力的各个方面进行详细论述。(1)科技人才的创新潜力体现在其对新思路、新方法的接受和应用。创新要求科技人才能够敏锐地捕捉学科领域的新动向,主动学习并运用新的理论和方法。具有较强创新潜力的科技人才在面对新的问题和挑战时能够灵活运用不同的思考方式,形成独特的解决方案。(2)创新潜力还表现在科技人才在解决问题时的独创性。科技人才应当具备在已有研究基础上提出新观点、设计新实验方案的能力。这需要科技人才具备对问题的深刻理解和独立思考的能力,能够从不同的角度出发,提出具有前瞻性和独创性的研究思路。(3)创新潜力的评价不仅关注科技人才的过去表现,更要考察其未来的创新潜力。具有较强创新潜力的科技人才应当具备对未知领域的好奇心和探索欲望，能够在未来的研究中提出具有前瞻性和颠覆性的研究方向。

总体而言，创新潜力是科技人才评价体系中至关重要的一项指标，关注科技人才的学科前沿意识、独立思考和问题解决能力，旨在发现和培养具有科学创新潜力的科技人才。

(二)团队层次评价

1.团队协作

团队协作能力是评价科技人才的团队层次上的关键指标，以下对其各个方面进行详细论述。(1)科技人才在团队中扮演的角色是团队协作能力的重要体现。在科研团队中，不同的科技人才可能负责不同的任务和领域，评价其在团队中的角色和职责的承担能力是团队协作的一个重要方面。科技人才应当在团队中紧密合作，充分发挥各自的专业优势，形成良好的协同效应。(2)科技人才与团队成员的协作关系也是评价团队协作能力的重要因素。良好的协作关系不仅仅表现在工作任务的合作上，还包括对团队氛围的贡献、对同事的支持与帮助等方面。科技人才应当在团队中建立积极的人际关系，形成和谐的工作氛围，促进团队的协同发展。(3)对团队目标的贡献是评价团队协作能力的重要指标。科技人才在团队中的工作不仅仅是完成个人任务，还需要为整个团队的目标和任务作出积极的贡献。这包括参与团队项目、提出创新性的想法、分享经验和知识等方面。科技人才的团队协作能力需要体现在整个团队的共同发展和目标的达成上。

总体而言，团队协作能力是科技人才评价的重要维度，关注科技人才在团队中的角色定位、协作关系和对团队目标的贡献，旨在发现和培养具有团队合作能力的科技人才。

2.领导力

领导力是评价科技人才团队层次上的关键指标,以下对领导力的各个方面进行详细论述。(1)科技人才在团队中的领导力表现在其是否能够有效地指导团队成员。领导力不仅仅是指团队负责人的领导作用,还包括在团队中充当指导者、激励者和协调者等角色。科技人才应当具备为团队成员提供有效指导、引领团队共同前进的能力。(2)领导力还表现在科技人才是否能够推动项目的进展。在科研项目中,团队需要有明确的目标和计划,科技人才作为团队的一员,其领导力体现在是否能够有效推动项目进行,确保项目按时、高效地完成。(3)科技人才在团队中发挥的积极作用也是领导力的一个方面。积极作用包括在团队中树立榜样、激发团队成员的工作热情、提出创新性的建议等。具有较强领导力的科技人才能够在团队中发挥积极的引领作用,推动整个团队的共同发展。

总体而言,领导力是科技人才在团队中发挥作用的重要能力,关注科技人才在团队中的指导、推动和积极影响等方面,旨在发现和培养具有领导潜力的科技人才。

3.团队成果

团队成果是评价科技人才团队层次上的关键指标,以下对团队成果的各个方面进行详细论述。(1)科技人才在团队中的整体表现可以通过团队发表的论文来评价。团队的学术产出是团队成果的重要体现,包括发表在高水平学术期刊上的论文、国际学术会议上的论文等。科技人才在团队中发表的论文数量、质量以及对学术界的贡献都是评价团队成果的重要指标。(2)获得的奖项也是评价团队成果的重要方面。团队获得的奖项可以是学术类奖项、科技创新奖项等,这直接反映了团队在相关领域的影响力和贡献。科技人才在团队中的贡献往往会在获奖时得到认可,是团队整体成果的重要体现。(3)团队参与的项目也是评价团队成果的关键因素。科技人才参与的项目数量、项目的科研水平、项目的实际应用价值等都是评价团队整体成果的重要指标。团队成果不仅仅包括学术产出,还包括在实际项目中取得的科技创新成果。

总体而言,团队成果是科技人才在团队中整体表现的综合体现,关注团队的学术产出、获奖情况和项目参与等方面,旨在全面评价科技人才在团队中的综合能力和贡献。

在整个评价层次结构中,个体和团队的相互关系需要得到平衡。优秀的科技人才不仅在个体水平上表现出色,还需要在团队协作中具备领导力和团队精神,为整个科技团队的发展作出积极贡献。

三、科技人才评价方法

评价方法可以包括定性和定量两种,常用的包括绩效考核、专家评审、科研项目评估等。同时,借助先进的技术手段如人工智能、大数据分析,可以更精准地评估科技人才的综合能力。

(一)定性评价方法

定性评价方法主要是指对科技人才综合素质的主观判断和定性分析。常见的定性评价方法包括绩效考核、专家评审、科研项目评估等。

1.绩效考核

绩效考核是科技人才管理中的一道关键工序,通过对科技人才在工作中的表现进行定性评估,以全面了解其学术水平、研究能力和团队协作等方面的综合素质。(1)绩效考核的一个重要方面是评价科技人才的学术成果。这包括发表的论文数量、论文质量、被引用次数等。主管或同事可以通过对科技人才的论文阅读和学术交流情况的观察,评估其在学术领域的贡献和影响力。(2)绩效考核还需要关注科技人才参与的科研项目的完成情况。这涉及项目的进展、研究方法的创新性、实验设计的合理性等方面的评估。主管或同事可以通过与科技人才的工作互动和项目会议等方式获取相关信息。(3)科技人才在团队中的协作能力是绩效考核的重要指标之一。通过观察其在团队中的角色扮演、沟通协调能力、对团队目标的贡献等方面,可以评价其团队协作水平。同事的反馈和团队内部的互动可以提供评估的依据。(4)绩效考核也关注科技人才的创新潜力,即是否具备提出新观点、设计新实验方案等方面的能力。通过观察其在科研过程中的创新表现,可以评估其未来在科技领域中的潜力和发展方向。绩效考核的最终结果是由直接参与科技人才工作的主管或同事进行综合评价,包括对上述方面的观察和评估,以及对科技人才整体表现的综合判断。主管或同事的反馈对科技人才的职业发展和培养提供了重要的指导和建议。

总体而言,绩效考核是科技人才管理中的重要环节,通过全面而深入的评价,能够为科技人才的进一步发展和提升提供有效的反馈和支持。

2.专家评审

专家评审是一种常用的科技人才评价方法,通过邀请相关领域的专家组成评审委员会,对科技人才的学术水平、研究能力、创新潜力等进行专业评审。(1)专家评审着重关注科技人才的学术水平,包括其发表的论文数量、质量、学术影响力等方面。专家通过对科技人才的论文进行深入评阅,结合对其学术贡献的了解,提供专业的学术评价。(2)专家评审对科技人才的研究能力进行综合评估,包括参与的科研项目、研究方法的创新性、实验设计的合理性等方面。专家通过审查科技人才的科研项目报告、研究计划等材料，提供专业的研究能力评价。（3）专家评审还关注科技人才的创新潜力，即其对新思路、新方法的接受和应用，以及在解决问题时的独创性。专家通过与科技人才的面谈、深入了解其科研思路和创新思维，提供专业的创新潜力评价。

专家评审通常由相关领域的专家组成评审委员会，确保评审的专业性和客观性。委员会的专家具有丰富的学科知识和科研经验，能够对科技人才进行深入的专业评估。尽管专家评审能够提供权威的专业意见，但其评价结果仍受到主观因素的影响。不同专家可能有不同的看法和评判标准，因此在组建评审委员会时需要谨慎选择专家，确保评价的客观性和公正性。专家评审的最终结果包括专家的评价意见和建议。这些反馈对科技人才的发展和提升提供了宝贵的专业意见，有助于指导其未来的研究方向和职业发展。总体而言，专家评审是一种重要的科技人才评价方法，通过引入专业的外部专家意见，为科技人才的成长和发展提供了专业的指导和建议。

3.科研项目评估

科研项目评估是一种重要的科技人才评价方法，通过对科技人才参与的科研项目的整体质量和成果进行评估，主要关注项目的创新性、实际应用价值等方面。（1）评估科技人才参与的科研项目的创新性，主要考察项目的研究内容是否具有前瞻性、独创性，是否对学科领域作出了新的贡献。创新性评估可以通过项目提出的研究问题、采用的研究方法、预期的研究成果等方面进行综合评价。（2）考察科技人才参与的科研项目在实际应用上的价值，即项目的研究成果是否能够为社会、产业、科技发展等领域提供实际应用和解决问题的可能性。实际应用价值评估可以通过项目成果的实际影响、转化成果的情况等方面进行评价。(3)评估科技人才在科研项目中的管理和执行能力,包括项目的组织架构、进度控制、资源调配等方面。项目管理和执行评估可以通过项目的执行计划、进展报告、团队协作情况等材料进行综合考察。考察科技人才在科研项目中的团队协作与合作能力,包括与团队成员的协作关系、对团队目标的贡献等方面。团队协作与合作评估可以通过团队合作历史、项目组织结构、成员贡献等进行评价。(4)综合评估科技人才在科研项目中取得的具体成果和效果,包括发表的论文、取得的专利、获得的奖项等方面。项目成果和效果评估可以通过项目成果报告、相关证明材料等进行具体考核。

科研项目评估通过对科技人才参与的科研项目进行全面的综合评价,既考察了科技人才的研究水平和能力,也关注了项目的实际应用和社会影响。这种评估方法能够全面了解科技人才在科研项目中的表现,为科技人才的进一步发展提供参考。

(二)定量评价方法

定量评价方法依赖于具体的数据和指标,通过量化的方式对科技人才进行综合评估。常见的定量评价方法包括:

1.指标体系评价

指标体系评价是一种科技人才评价方法,它通过建立评价指标体系,对科技人才的学术成果、研究项目、团队协作等方面进行定量评估。(1)学术成果是评价科技人才学术水平的重要指标。学术成果指标可以包括发表的论文数量、发表的高水平论文数量、论文的被引用次数、获得的学术奖项等。通过对这些指标的定量统计和比较,可以客观地评估科技人才在学术领域的贡献和影响力。(2)研究项目是评价科技人才研究能力和创新潜力的关键指标。研究项目指标可以包括参与的科研项目数量、主持的科研项目数量、项目的经费规模、项目的创新性等。通过对这些指标的定量评估，可以全面了解科技人才在科研项目中的表现和贡献。（3）团队协作是评价科技人才团队合作能力的重要方面。团队协作指标可以包括科研团队中的角色分工、合作历史、团队协作成果等。通过对这些指标的定量评估，可以评价科技人才在团队中的协作能力和对团队目标的贡献。（4）绩效考核是对科技人才在工作中整体表现的评价。绩效考核指标可以包括学术绩效、项目绩效、团队协作绩效等多个方面。通过对这些指标的定量评估，可以综合考察科技人才在各个方面的表现和能力。

除了上述指标外，还可以考虑其他个体特征，如科技人才的学历背景、工作经验、社会服务等方面的指标。这些指标可以通过定量数据来评估科技人才的综合素质和个体特点。通过建立科技人才评价的指标体系，可以用定量数据来客观、全面地评估科技人才在学术、研究和团队协作等方面的表现。这种评价方法能够为科技人才发展提供有力指导，为科技人才的培养和选拔提供科学依据。

2.大数据评价

大数据评价是一种利用大数据技术对科技人才进行综合评价的方法。首先，需要收集大量科技人才的相关信息，包括学术成果、研究项目、团队协作、绩效考核等多个方面的数据。这些数据可以来源于学术论文数据库、科研项目数据库、人才档案等多个渠道。利用大数据分析技术对采集到的数据进行处理和分析，包括数据清洗、数据挖掘、数据模型构建等过程。通过对数据的深入分析，可以发现科技人才在学术、研究和团队协作等方面的潜在规律和特征。其次，在大数据评价中，需要构建科技人才的评价指标体系。这可以基于数据分析的结果，选取具有代表性和区分度的指标，构建综合评价模型。评价指标可以包括学术成果指标、研究项目指标、团队协作指标等多个方面。利用大数据评价模型和算法对科技人才进行综合评价。这可能涉及机器学习算法、数据挖掘算法等先进的大数据分析技术。通过算法的应用,可以实现对科技人才的客观、全面的评价。最后,将评价结果以可视化的方式呈现,为相关部门、机构和科技人才本身提供直观的评价信息。这可以通过图表、报告等形式进行展示,使评价结果更具可解释性和实用性。

大数据评价的优势在于能够处理大规模、多维度的数据,提高评价的客观性和准确性。然而,也需要关注数据隐私保护、算法公正性等问题,确保评价过程的公正和合理性。大数据评价为科技人才评价提供了一种新的视角和方法,有助于更好地理解和把握科技人才的整体素质和能力。

3.人工智能辅助评价

人工智能辅助评价是一种利用人工智能技术对科技人才进行评价的方法。

人工智能辅助评价首先需要收集大量科技人才的相关信息,包括学术成果、研究项目、团队协作、绩效考核等多个方面的数据。这些数据可以来源于学术论文数据库、科研项目数据库、人才档案等多个渠道。其次,利用人工智能技术对采集到的数据进行特征提取。这涉及对数据进行预处理,提取有代表性和区分度的特征,为评价模型提供输入数据。再次,借助机器学习算法,建立科技人才的评价模型。这可以通过监督学习、无监督学习等不同的机器学习方法来实现。算法可以不断优化模型,提高评价的准确性和预测能力。人工智能可以在短时间内处理大量数据,实现高效的评价过程,利用建立的评价模型,实现对科技人才的自动化评价,包括对学术水平、研究能力、团队协作等方面的自动评价。此外,还需要针对评价模型的性能不断进行优化,可以通过反馈机制、持续监控等手段，及时调整模型的参数，使其更符合实际情况。最后，对评价结果进行解释，使其更具可解释性和合理性。人工智能辅助评价虽然能够自动处理大量数据，但结果的解释仍然需要人类专家的参与，以确保评价的公正和合理。同时提供实时的评价反馈，使科技人才能够及时了解自身的工作表现和发展方向，有助于科技人才在职业发展中不断改进和提升。

人工智能辅助评价具有高效、自动化的特点，可以大大提高评价的效率和准确性。然而，需要关注算法的公正性和可解释性，防止因算法偏见导致评价结果的不公正。在实际应用中，人工智能辅助评价可以成为科技人才评价体系的重要组成部分，为科技人才的选拔、晋升和发展提供有力支持。

综合使用定性和定量评价方法，可以更全面、客观地评估科技人才的综合能力。不同的评价方法可以相互补充，提高评价的全面性和准确性。

第二节　科技人才评价的核心要素与挑战

科技人才评价是一个复杂而关键的系统，涉及许多方面的核心、特点、作用和主要问题。以下是对这些方面的详细论述。

一、科技人才评价的核心

科技人才评价的核心在于全面、客观、公正地评估科技人才的学术水平、研究能力、创新潜力、团队协作等多个方面。评价的核心应当是科技人才的整体综合素质,旨在发现和培养具备卓越科研能力和创新潜力的人才,推动科技领域的不断发展。

二、科技人才评价的特点

科技人才评价具有以下特点:

(一)专业性

科技人才评价的专业性是确保评价体系贴近科技领域实际需求的关键因素。(1)评价科技人才的专业性要考虑其所从事的具体科技领域,不同领域具有不同的特点和要求。例如,在计算机科学领域,可能更注重编程技能和算法设计;在生物医学领域,则可能更注重实验室技能和医学知识。评价体系需要充分考虑这些行业特点,制定相应的评价标准。(2)随着科技的发展,很多科技问题涉及多个学科的交叉,评价科技人才的专业性要求不仅要关注其在某一学科领域的深度,还需要考虑其在多学科间的综合应用能力。专业性评价体系应当能够全面反映科技人才的学科综合素养。(3)科技领域不断发展,新的技术和理论不断涌现,评价科技人才的专业性要求及时纳入最新科技趋势,鼓励人才关注并适应领域内的新兴技术和理论。这涉及评价体系的灵活性,能够随时调整以适应科技的发展变化。(4)衡量科技人才专业性的一个重要指标是行业内的认可度,包括获得的奖项、参与的项目、在学术期刊上的发表等。专业性评价需要综合考虑这些方面的因素,以形成全面的专业性评估。专业性评价应当与科技人才的培养方向相一致。不同科技人才可能有不同的职业发展方向,评价体系应当允许个性化，符合科技人才个体发展规划。(5)引入同行评审机制是确保专业性评价的一种有效方式。同行评审能够借助同一领域的专业人士来进行评价，确保评价的专业性和客观性。

综合而言，科技人才专业性评价需要兼顾行业特点、学科交叉、最新科技趋势、行业认可度、培养方向以及同行评审等多个方面，以确保评价的准确性和实用性。

(二)动态性

科技人才评价的动态性体现了对科技领域快速发展和人才成长过程的关注。科技人才的发展通常经历不同的阶段，如学生阶段、初级研究员阶段、高级研究员阶段等。评价应该考虑到不同阶段的发展需求和重点，对科技人才进行阶段性的评价，以更精准地了解其成长状况。由于科技领域的变化快速，评价应具有定期性，以及时反映科技人才在不同时间点的表现。定期评估可以帮助科技人才及时调整研究方向、提升能力，适应科技发展的新趋势。为了实现动态性评价，建立持续的反馈机制是必要的。科技人才应该在评价过程中接收到及时的反馈信息，了解自身的优势和不足，以便有针对性地进行改进和提升。随着科技人才的不断成长，激励机制也需要不断更新。动态性评价可以帮助调整激励措施，使其更符合科技人才在不同阶段的需求，激发其持续创新的动力。在评价科技人才时，要及时引入新技术和新方法，使评价更为科学和准确。例如，利用人工智能、大数据分析等技术，可以更全面地了解科技人才的动态表现。科技人才评价应该与科技趋势保持同步。不断关注科技领域的新兴技术、研究热点，以确保评价体系能够反映科技人才在前沿领域的发展情况。综合来看，科技人才评价的动态性强调了对科技人才成长过程的持续关注和及时调整，以更好地适应科技领域的发展变化。

（三）多元性

多元性是科技人才评价的重要特点,体现了综合考量科技人才多方面能力和贡献的需求。(1)学术水平评价,包括发表的论文数量、质量、影响因子以及在学术领域的声誉等。学术水平直接反映了科技人才在学术研究方面的表现。(2)研究能力评价,涉及其参与科研项目的经历、主持项目的经验,以及所获得的科研成果等。研究能力直接关系到科技人才解决实际问题的能力。(3)创新潜力评价,要关注其对新思路、新方法的接受和应用,以及解决问题时的创新性。这需要关注其在科研过程中是否能够提出新的观点、设计新的实验方案等。(4)团队协作能力评价,包括其在团队中扮演的角色、与团队成员的协作关系、对团队目标的贡献等。这通过团队项目的表现和合作历史来评估。(5)领导力评价。这体现在其是否能够有效地指导团队成员、推动项目的进展以及在团队中发挥积极作用。(6)培养学生方面的贡献评价。科技人才的导师和教育工作也是其科技贡献的一部分,对于培养下一代科技人才有着重要的影响。(7)社会影响力评价,如科普工作、科技咨询等。科技人才的社会影响力是评价的一项重要内容。多元性的评价能够全面、综合地了解科技人才在不同方面的表现,有助于科技人才更全面地发展。

三、科技人才评价的作用

科技人才评价的作用主要体现在以下几个方面:

（一）选拔与晋升

选拔与晋升是科技人才评价的重要作用之一。科技人才评价的一个重要目标是从众多人才中选拔出具备卓越能力和潜力的个体。（1）通过对学术水平、研究能力、创新潜力等方面的全面评估，选拔在科技领域具有突出表现的个体。评价结果也被用于科技人才的晋升和升职决策。卓越的科技人才通常会得到提拔，以更好地发挥其学术能力、研究能力和创新潜力。（2）通过对团队协作能力的评价，可以选拔合适的团队领导者。团队领导者需要具备出色的团队协作、领导力和组织管理能力，评价结果可以对选拔适任领导者起到指导作用。评价结果也可以用于选拔具有在特定领域或学科中声望卓越的科技人才。这些带头人在学术界和科研领域中有着广泛的影响力，提拔他们可以推动整个领域的发展。

综合来说，通过科技人才评价实现选拔与晋升的目标，有助于充分发挥科技人才的潜力，推动科技领域的持续发展。

（二）引导发展

评价结果可以为科技人才提供发展方向和改进建议，引导其更好地发展。

1.科研项目决策

科研项目决策是科技人才评价的一个重要应用方向。（1）通过对科技人才的学术水平、研究能力等进行评价，可以确保科研项目具备高水平的执行力。卓越的科技人才在项目中能够展现出较强的研究能力和解决问题的能力，从而提高项目的质量和效果。对科技人才的创新潜力的评估有助于确定项目是否有独特的研究思路和创新性的研究方法,从而推动科研项目在学术界和行业中的影响力。对科技人才的学术水平和研究经验的评价,有助于更准确地预测项目的研究成果,帮助项目决策者更好地制定项目目标和计划。科技人才的评价结果还可用于项目风险的评估。了解科技人才在面对困难和挑战时的应对能力,可以帮助项目决策者更好地预测和管理项目的风险。通过科技人才评价指导科研项目决策,可以提高项目的成功率,确保项目在科研领域取得更好的效果。

2.团队建设

团队建设是科技人才评价的另一个重要应用方向。(1)通过科技人才的评价结果,可以更准确地匹配适合团队的人才。了解每位科技人才的专业特长、团队协作能力和领导力水平,有助于构建一个具备多样性但协同效应强的团队。(2)评价科技人才的团队协作能力是团队建设的重要一环。选取具备优秀团队协作能力的人才,有助于团队成员之间的密切合作,提高团队的整体协同效应,推动团队目标的实现。(3)在团队中,不同的科技人才可能扮演不同的角色,包括领导者和执行者。通过评价科技人才的领导力水平,可以更好地配置团队中的领导者,确保团队有清晰的领导方向,以及适当的执行力支持。(4)通过科技人才的评价,可以更好地了解人才在团队中的沟通风格、合作态度和团队文化适应性。这有助于优化团队氛围,提高团队成员之间的合作愿望和默契程度。(5)评价科技人才的学术水平和知识分享能力,有助于培养团队内部的学习文化。在一个有学术氛围的团队中,成员更愿意分享知识和经验,促进团队整体的学习和提升。(6)通过合理评估科技人才的整体素质,有助于提高团队的整体效能。团队成员之间的协同作用、任务分工和资源分配更加合理,使得团队能够更高效地达成既定目标。(7)评价结果还可用于选取具备潜力的科技人才,通过培养和引领,提升其在团队中的角色和贡献,为团队的未来发展储备更多的领军人才。

通过科技人才评价指导团队建设,有助于构建一个高效协同、专业有序的科研团队,提升整个团队的综合水平。

四、科技人才评价的主要问题

科技人才评价面临一些主要问题需要不断优化和完善,主要体现在:

(一)主观性问题

主观性问题是科技人才评价中的一个常见挑战。(1)不同的评价人员可能对科技人才的标准有不同理解,因而在评价过程中存在主观性。为解决这个问题,可以建立明确的评价标准和指标,确保评价人员对评价标准有一致的理解。(2)评价人员可能受到个人观念、偏见或主观情感的影响,导致评价结果不客观。为减少主观偏见,建议构建多元化的评价团队,包括具有不同专业背景和经验的评价人员,以综合考虑多方面因素,或者引入第三方专业评审机构,确保评价的客观性。在评价过程中引入客观数据支持,如科技人才的实际研究成果、项目完成情况等,有助于降低评价的主观性。(3)在建立量化指标时,主观性问题也可能存在。为解决这个问题,需要确保量化指标的建立基于客观数据和明确的标准。(4)评价过程的透明度影响评价的公正性。建立透明度高的评价流程,包括评价标准的公开和解释,可以降低主观性问题的影响。(5)缺乏有效的反馈机制可能导致评价的主观性问题不被及时发现和纠正。建立定期的反馈机制,使科技人才了解评价结果,并有机会提出异议或补充信息,有助于提高评价的客观性。通过以上方法,可以在评价科技人才时更好地应对主观性问题,确保评价的客观性和公正性。

(二)指标体系问题

指标体系问题在科技人才评价中是一个值得关注的方面。(1)一些指标体系可能过于刻板,无法全面准确地反映科技人才的实际水平和贡献。为应对这一问题,建议建立灵活多样的指标体系,能够根据不同的领域、不同岗位特点进行调整。(2)过于强调量化指标可能忽视了科技人才在团队协作、创新潜力等方面的重要贡献。指标体系应该平衡量化和定性指标,综合考虑科技人才表现的多个方面。指标体系中各项指标的权重分配需要慎重,不同指标的重要性可能因人才特点和工作背景而异,应该灵活调整权重,以更准确地反映个体的整体贡献。(3)科技领域的不断发展可能导致指标体系的过时。建议定期审查和更新指标体系,以确保其能够持续适应科技发展的变化。(4)确保评价指标的透明度,让科技人才了解评价体系的构建和评价依据。透明的指标体系可以提高评价的公正性和认可度。

通过以上措施,可以更好地应对指标体系问题,确保评价体系更符合科技人才的特点和需求。

(三)动态性问题

动态性问题在科技人才评价中是一个需要细致考虑的方面。(1)考虑科技人才在不同职业发展阶段的特点和需求。对于初涉科研领域的人才,可以关注其学习和适应能力;对于经验丰富的人才,应该更注重其创新潜力和团队协作。(2)定期进行科技人才的评价,以充分了解其在不同时间点的变化,从而制定个性化的培训和发展计划,帮助科技人才在职业生涯中不断提升自己。这需要根据不同发展阶段的需求,提供有针对性的培训和支持；与科技人才共同制定职业发展目标，并根据这些目标调整评价指标，确保评价体系与个体的发展方向相一致。（3）考虑到科技领域的演进，特别是一些前沿领域的快速发展，评价体系应该能够灵活调整，以反映新兴领域的要求，确保科技人才能够跟上学科发展的步伐。通过以上方法，可以更全面地考虑科技人才在不同阶段的发展变化，保持评价体系的动态性，从而更精准地反映科技人才的实际水平和潜力。

（四）数据获取问题

数据获取问题在科技人才评价中确实是一个具有挑战性的方面。（1）建立一个全面的数据采集网络，涵盖科技人才在不同领域和层次的表现，包括学术期刊发表、科研项目执行、团队合作情况等。借助先进的技术手段，如大数据分析和人工智能、学术搜索引擎、科研项目数据库等，通过自动化手段收集和分析数据。（2）联合学术机构、研究团队等建立数据共享机制，更加透明地获取科技人才的相关数据，解决数据获取受限的问题，提高评价体系的全面性。（3）鼓励科技人才自主申报相关数据，包括其学术成果、研究项目等。通过建立科技人才个人档案，让其更主动地参与评价过程，有助于获取更全面的信息。（4）制定科技人才评价的数据标准，明确数据的来源、收集方式和使用规则。这有助于规范评价数据的获取过程，提高数据的可比性和可信度。通过以上方法，可以更全面地获取科技人才的相关数据，克服数据获取的局限性，确保评价体系更为准确和有针对性。

综合来看，科技人才评价在促进科技创新、引导科研发展等方面具有重要意义，但在实践中需要不断完善评价体系，解决存在的问题，以确保评价的科学性和有效性。

第三节 现有科技人才评价框架与基础

一、学术水平

在学术水平的评价中,首先要考察科技人才专业知识的深度和广度。这包括个体对所在领域核心概念、理论框架和最新研究进展的全面理解。深度的专业知识是科技人才在学术研究中取得重要成果的基础。其次要考察科技人才在学术期刊上发表文章的数量和质量。发表论文是衡量科技人才学术贡献的重要指标之一。不仅要关注发表数量,还要关注其论文在学术界的影响力和引用次数。高质量的论文能够表明科技人才在其领域内的研究水平和创新能力。最后要考察科技人才对学术界的贡献。这包括是否参与学术会议、担任学术期刊的编委或审稿人、是否获得学术奖项等。个体在学术界的积极参与和贡献可以反映其在学术社群中的地位和影响力。

总体而言,学术水平的评价旨在全面了解科技人才在学科专业知识、学术论文发表和学术社群参与方面的表现。这对于科技人才在学术领域的发展和影响力具有重要意义。

二、研究能力

在研究能力的评价中,首先,考察个体在科研项目中的参与程度和贡献。这包括个体是否能够有效参与团队中的研究项目,是否能够充分发挥专业知识和技能,为项目的顺利进行作出贡献。团队合作中的积极参与是个体研究能力的一个关键方面。其次,考察个体是否具备独立设计和完成研究项目的能力。个体是否能够独立提出科研问题、设计研究方案、采集和分析数据,并独立完成研究报告或论文,是评价其独立研究能力的关键指标。独立研究能力体现了个体在科研领域中的独立思考和创新能力。最后,考察个体在研究过程中是否能够解决遇到的问题和挑战。科研项目往往伴随着各种困难和未知,个体在面对问题时是否能够迅速而有效地解决,体现了其在科研中的应变和解决问题的能力。

总体而言,研究能力的评价旨在了解科技人才在科研项目中的全面表现,包括团队合作中的贡献以及独立设计和完成研究项目的能力。这对于科技人才在学术研究和实际应用中的成功至关重要。

三、实践经验

在实践经验的评价中,首先,考察个体在实验室环境中的操作技能,包括是否熟练掌握实验室仪器设备的使用,能够准确地进行实验操作,并保证实验数据的准确性和可重复性。操作技能的熟练度是科技人才在实验室研究中取得可靠结果的基础。其次,考察个体是否能够成功将理论知识应用于实际技术问题的解决。科技人才应该具备将理论知识转化为实际技术应用的能力,能够在实践中解决实际的科技问题。这包括对理论知识的深刻理解,以及将其灵活运用于实际问题的能力。最后,考察个体在实际项目中的实际经验。个体是否参与过真实的科研项目,是否能够在实际应用中成功运用专业知识和技能,对于评价实践经验的全面性具有重要作用。

总体而言,实践经验的评价旨在了解科技人才在实验室操作、技术应用和实际项目中的表现。这对于科技人才在实际应用和解决实际问题的过程中的成功至关重要。

四、团队协作

在团队协作的评价中,首先,考察个体是否能够有效地扮演协作和领导角色。协作能力涉及个体在团队中的积极参与、有效沟通和资源共享等方面的能力。领导角色涉及个体是否能够在团队中发挥引领作用,激发团队成员的积极性,推动整个团队朝着共同目标前进。其次,考察个体与团队成员以及其他团队之间的合作和交流能力。团队协作往往涉及不同团队成员之间的合作,以及与其他团队的协同合作。个体是否能够在这些合作中有效沟通、协调和支持,对于整个团队协作效果的提升具有关键作用。最后,考察个体在团队中的角色和责任承担能力。科技人才是否能够适应不同的团队环境,承担适当的责任,积极履行自己的角色,是评价团队协作能力的一个重要方面。

总体而言,团队协作的评价旨在了解科技人才在团队中的协作和领导角色表现,以及与团队成员和其他团队之间的合作和交流能力。这对于科技人才在复杂的科研和工作环境中的成功至关重要。

五、创新潜力

在创新潜力的评价中,首先,考察个体是否能够提出新颖的研究思路和方法。创新潜力涉及个体在科研过程中是否具有独创性思维,是否能够超越传统思维框架,提出新颖、有前瞻性的研究思路。这包括对

23

问题的独特见解、创新性的实验设计等方面的表现。其次，考察个体是否积极参与创新型项目、表现出创新潜力。个体是否愿意参与具有一定风险和挑战性的创新项目，是否能够在创新项目中发挥积极作用，对评估创新潜力具有重要意义。创新潜力表现在个体对新颖问题的敏感度，以及愿意尝试新方法和思维方式的勇气和胆识。最后，考察个体在研究成果中的创新性。科技人才的研究成果是否具有新颖性、突破性，是否能够为学科领域带来新的认识和理解，是创新潜力评价的一个关键指标。

总体而言，创新潜力的评价旨在了解科技人才在研究思路和方法上的独创性，以及在创新项目中的积极参与和表现。这对于科技人才在学术研究和实际应用中的成功至关重要。

六、学术服务与社会影响

在学术服务与社会影响的评价中，首先，考察个体的学术服务，包括是否担任学术委员会成员、会议主席、期刊编委或审稿人等学术职务。个体在学术服务中的参与程度和贡献可以反映其在学术社群中的地位和专业影响力。其次，考察个体在社会上的影响力，包括对产业、政策等方面的贡献。科技人才是否在实际应用中取得了有影响力的成果，是否参与并影响了相关政策的制定，对于评价其社会影响力具有重要作用。再次，考察个体是否积极参与科普活动，向社会传播科技知识，促进科技文化的传播和普及。最后，考察个体是否参与国际学术交流，是否在国际学术界产生了一定的影响。这可以通过参与国际学术会议、合作国际研究项目等方式体现。

总体而言，学术服务与社会影响的评价旨在了解科技人才在学术界和社会中的服务和贡献,以及对产业、政策等方面的影响力。这对于科技人才在学术和社会领域中的成功具有重要意义。

七、持续学习与发展

在持续学习与发展的评价中,首先,考察个体是否持续学习并更新自己的知识体系。科技领域的知识不断更新,科技人才需要具备持续学习的意识和能力,不断跟踪领域内的最新研究成果和技术发展。这可以通过参与培训、学术研讨会、阅读最新文献等方式来实现。其次,考察个体对自身职业发展的规划和实施情况。科技人才是否制定了明确的职业发展目标,是否在实际工作中采取了积极有效的措施来实现这些目标,对于评价个体的职业素养具有关键作用。个体对职业发展的规划和实施反映了其对个人成长的重视程度和对职业生涯的明智管理。最后,考察个体是否能够将学到的新知识和技能应用于实际工作中。持续学习不仅仅是获取新知识,还包括将这些知识有效地应用到实践中,推动个体在工作中表现得更好。

总体而言,持续学习与发展的评价旨在了解科技人才是否保持学习的活跃性,以及对自身职业发展的规划和实施情况。这对于科技人才在不断变化的科技领域中始终保持竞争力和创新能力至关重要。

这些基本内容涵盖了科技人才在学术、研究、实践和团队协作等方面的多个维度,有助于全面了解和评估科技人才的综合素质和发展潜力。

第二章 新型研发机构与人才管理

第一节 我国新型研发机构概述

一、新型研发机构的定义

新型研发机构是指在科技创新和产品研发领域采用创新型管理模式和先进技术手段的组织实体。它不仅仅是传统研发机构的延伸，更强调在战略制定、项目管理和技术创新方面具备灵活性和适应性。这种机构旨在推动组织不断适应市场变化，迅速响应新兴技术，提高创新能力和竞争力。

二、新型研发机构的特点

新型研发机构具有以下特点：

（一）敏捷性和灵活性

敏捷性和灵活性在科技领域中是至关重要的素质。一方面，敏捷性体现在个体是否能够快速适应市场需求的变化。科技发展突飞猛进,市场需求不断演变,科技人才需要具备敏锐的市场洞察力,能够快速捕捉变化,并及时调整研发方向和策略,以满足市场的实际需求。这种敏捷性有助于确保科技研究的实际应用和市场竞争力。另一方面,灵活性体现在个体是否能够灵活调整研发方向和策略。科技研究中可能面临不同的挑战和机遇,个体是否能够灵活调整研发方向以适应新的技术变革或市场趋势,对于保持科技项目的创新性和竞争力至关重要。灵活性还包括是否能够灵活运用不同的研究方法和工具,以便更好地应对不同的科研问题和挑战。

总体而言,敏捷性和灵活性是科技人才在不断变化的科技环境中取得成功的重要素质。能够迅速适应市场需求和技术变革,以及灵活调整研发方向和策略,将有助于个体在科技领域中取得更好的研究成果和实际应用效果。

（二）开放创新

开放创新在科技领域中具有重要意义。首先,开放创新体现在个体是否倡导与外部的合作。科技研究往往需要多学科的融合和多方面的资源,通过与外部合作,可以更好地获取其他领域的专业知识和资源支持,推动问题的深入解决。这种开放的态度有助于创造更为全面和多元的解决方案。其次,开放创新表现在个体是否能够关注并吸收来自不同领域、不同组织的创新资源,包括新的技术、新的思维方式等。积极吸纳外部创新资源有助于个体在研究和项目中获得更多的灵感和创新点,推动科技研究的前沿。最后,开放创新体现在促使内外部创新协同发展。个体是否能够有效整合内外部的创新资源,推动不同领域、不同组织之间的协同合作,形成创新生态系统。这种协同发展有助于提高创新效率,加速科技成果的产业化和实际应用。

总体而言,开放创新是科技人才在复杂科研和应用环境中取得成功的关键。倡导与外部合作,积极吸纳外部创新资源,并促使内外部创新协同发展,有助于推动科技研究的进展,提高科技项目的创新性和实际应用效果。

（三）数据驱动

数据驱动在科技领域中是一种重要的决策和研究方法。首先,数据驱动体现在个体是否依赖先进的数据分析。在科技研究和决策过程中,通过先进的数据分析方法,个体能够更深入地理解研究问题,从大量数据中提取有价值的信息,为科研和决策提供有力支持。其次,数据驱动表现在个体是否以数据为基础进行科学决策,即在科技领域的决策过程中,个体是否能够充分利用收集到的数据,进行科学、客观的决策。通过对数据的深入分析,个体能够制定更为合理和有效的研究方案和决策策略,提高科技项目的成功率和效果。最后,数据驱动还体现在个体是否使用先进的决策支持系统。在科技研究和项目管理中,使用先进的决策支持系统有助于个体更全面、准确地了解问题的复杂性,为决策提供科学依据。这种系统可以通过模型分析、模拟实验等手段,帮助个体做出更为科学的决策。

总体而言,数据驱动是科技人才在科研和决策中的一种现代化方法。依赖先进的数据分析,以数据为基础进行科学决策,并使用决策支持系统,有助于提高研究和项目管理的效率和准确性。

（四）跨学科合作

跨学科合作是推动科技创新的一种关键策略。首先,跨学科合作体现在个体是否强调不同领域专业人才的协同工作。在科技研究中,问题往往跨越不同学科领域,通过与其他领域专业人才的协同合作,可以充分发挥各专业领域的优势,提供更全面和深入的解决方案。其次,跨学科合作表现在个体是否积极促进跨学科的交流和融合。通过与不同学科背景的专业人才进行积极的交流和合作,个体能够获取新的思维方式、方法和理念,推动创新的交叉融合,为科技研究带来更多的可能性和潜力。跨学科合作还可以体现在个体是否能够打破学科壁垒,积极寻求跨学科的合作机会。这包括参与跨学科的研究项目、合作论文发表等方式,为科技创新提供更为综合和全面的视角。

总体而言,跨学科合作是推动科技创新的一种有效途径。通过与不同领域专业人才的协同工作,促进跨学科的交流和融合,有助于推动创新的发展,提高科技研究的综合性和实际应用效果。

三、新型研发机构的结构

新型研发机构的结构主要包括以下几个方面:

（一）战略层

在战略层,高级管理层起着至关重要的作用。其首要任务是制定整体研发战略。这意味着需要对组织的整体目标、愿景和价值观进行深入理解,并在此基础上确定研发方向和重点。研发战略应当与组织的战略目标保持一致,确保研发活动有助于实现组织的长远发展目标。高级管理层还负责确保研发方向与组织战略一致。这需要对市场趋势、竞争对手、技术变革等方面进行监测和分析,以及持续评估研发方向的适应性和战略一致性。在变化迅速的科技环境中，高级管理层需要灵活调整研发战略，以适应不断变化的外部环境。战略层的决策对于整个组织的研发活动具有指导性和引领作用。高级管理层需要为研发团队提供清晰的战略目标和方向，激发团队成员的积极性和创造力。这也包括为研发活动提供足够的资源和支持，确保团队能够顺利实施研发战略，取得预期成果。

总体而言，战略层的工作在于确保研发活动与组织整体战略一致，为研发团队提供清晰的战略方向和支持，促使组织在科技领域中取得可持续发展。

（二）项目层

在项目层，关键是项目的管理和执行。首要任务是确保项目按计划高效实施。项目经理在这个层面扮演着关键的角色，负责制订详细的项目计划，包括任务分配、时间表、资源需求等，以确保项目能够按照预定的目标和时间节点进行。项目层还需要有效的团队协作。项目经理需要搭建和管理一个高效的团队，确保团队成员的合作和协同工作。这包括明确团队成员的角色和责任，解决可能出现的问题，推动团队朝着共同的目标努力。在项目层，有效的沟通也是至关重要的。项目经理需要与团队成员、其他部门以及高级管理层之间建立良好的沟通机制，及时传递项目进展、问题和需求，确保信息流通畅，从而使整个项目团队能够保持协同一致的工作状态。

总体而言，项目层的工作在于确保具体项目的高效实施。这需要项目经理具备良好的项目管理技能、团队领导力和沟通能力，以确保项目能够按照计划取得成功。

（三）技术层

在技术层，专业人员如科学家和工程师扮演着关键的角色，负责解决具体技术难题，推动技术创新。这可能涉及实验室研究、数据分析、模型建立等多种技术手段。技术层还需要保持对新技术的敏感性。科技领域不断发展，新技术的涌现可能为解决问题提供新的途径。因此，技术层的专业人员需要时刻保持对最新技术的了解，以便在研发过程中能够灵活运用新技术，推动创新的发展。在技术层，团队成员之间的协作也是至关重要的。科技项目通常需要不同专业背景的人员共同协作，通过团队协作能够充分发挥各自专业领域的优势，提高问题解决的效率和创新性。

总体而言，技术层的工作在于深入技术领域，解决具体技术难题，并推动技术创新。这需要团队成员具备扎实的专业知识、实践经验和协作能力，以保证项目的技术实施能够达到预期效果。

这些层次相互联系，形成一个有机的研发体系，旨在实现组织的创新战略并促进科技进步。这种结构使得新型研发机构能够同时注重整体战略和具体执行，从而更好地应对市场挑战和技术变革。

第二节　新型研发机构发展轨迹浅析

一、建设阶段

新型研发机构的建设通常经历以下阶段：

（一）规划阶段

明确研发机构的使命、愿景和战略目标，制订详细的建设计划，确保与整体组织战略一致。

1.使命、愿景和价值观的明确

使命、愿景和价值观的明确对于研发机构的成功至关重要。使命是机构存在的核心目的，是为了在组织整体战略中发挥特定的作用，不仅为团队提供了明确的方向，还确保了团队成员的努力与组织整体目标保持一致。愿景则是对未来的明确展望，为团队创造了一个共同的愿望，激发团队成员创新和努力追求卓越的动力。它不仅是一个目标，更是一种激励力量，引导团队不断超越自我。价值观在研发机构的运作中发挥着关键作用，它们是团队共同认同的核心原则。价值观不仅指导着团队在工作中的决策和行为，还形成了一种文化认同，有助于建立团队成员之间的信任和协作，创造一个积极的工作环境。通过清晰定义和传达这些使命、愿景和价值观，研发机构可以更好地统一团队，提高工作效率，实现更具战略性的成就。

2.战略目标的设定

战略目标的设定是确保研发机构朝着整体组织目标迈出坚实步伐的关键一环。首先，明确定位研发的具体方向，能够使团队专注于核心领域，提高研发效率。设定技术创新目标是推动团队不断追求卓越、保持竞争力的重要手段。通过明确技术创新的方向和目标，研发机构能够更好地引领行业发展潮流。此外，确立市场份额等具体目标，有助于将研发工作与市场需求紧密结合，确保产品或服务的实际价值。战略目标的一致性保证了研发机构在整个组织中的协同作用，确保各个部门之间的协作，以实现更大范围的组织目标。这些目标不仅为团队提供了明确的方向,还为绩效评估和追踪进展提供了具体的指标,帮助团队保持专注、高效地推动研发工作。

3.建设计划的制订

建设计划的制订是确保研发机构有序推进工作的基础。首先,组织结构设计是关键的一环,需要根据研发方向和任务分配合理地聚焦团队。明确的组织结构有助于提高沟通效率,确保信息流畅、任务清晰。其次,人员配置计划则需要综合考虑团队的技能需求、人才培养和流动,以确保团队具备应对未来挑战的能力。最后,技术平台建设计划是支持研发工作的另一个关键因素。这包括硬件和软件基础设施的规划,以及对新技术的采用和应用。合理的技术平台设计有助于提高研发效率,确保团队能够紧跟科技发展的步伐。同时,考虑未来的发展需求,使技术平台更具扩展性和灵活性,有助于适应不断变化的市场和技术环境。

综合而言,建设计划的制订需要全面考虑机构的战略目标和未来发展需求,以确保机构在不同阶段都能够高效运作。这为团队提供了明确的工作框架,使其能够有序推进研发工作,应对未来的挑战。

4.与整体组织战略的协同

确保研发机构与整体组织战略的协同是确保组织协调一致运作的关键一环。这需要与其他部门保持紧密的沟通和协作,以确保研发工作与整体战略相互支持。在规划过程中,需要考虑整体组织的战略目标,避免研发与其他部门产生脱节,确保各个部门朝着共同的愿景努力。与其他部门的沟通不仅包括信息的共享,还涉及在决策过程中的协同。通过参与整体战略决策,研发机构能够更好地理解整体组织的需求和优先级,从而调整自身的规划和目标。这有助于确保研发工作不仅仅是为了独立地研究和开发,而是与整个组织的战略一致。协同工作也包括在项目层面的合作,确保不同部门之间的项目协同顺畅。这有助于提高工作效率,避免资源浪费和重复努力。整体组织的协同工作有助于实现更大范围的组织目标,确保研发机构的努力能够真正为整个组织创造价值。

(二)设计阶段

确定研发机构的组织结构、人员配置、技术平台等,同时考虑灵活性和未来发展的可持续性。

1.组织结构的确定

确定研发机构的组织结构是确保团队高效协同运作的基础。首先,明确定义各个部门和团队的职责是确保整体协同的重要一步。每个部门和团队的任务应与研发机构的使命和战略目标保持一致,以确保整体工作的方向具有一致性。其次,协作关系的明确是确保团队之间无缝合作的关键。明确团队之间的沟通渠道和协作方式,有助于避免信息滞后和工作重叠。再次,决策流程的确定是确保研发机构及时作出决策、推动工作的关键。透明且高效的决策流程有助于团队迅速应对变化和挑战,确保团队在竞争激烈的环境中保持灵活性。最后,灵活的组织结构有助于适应未来的变化。这意味着组织结构需要具备一定的弹性,能够灵活进行调整以满足不断变化的市场需求和技术发展。同时,灵活性还可以促进团队内部的创新和适应性,使研发机构更具竞争力。

总体而言,组织结构的明确定义是确保研发机构高效推动工作、适应变化的关键一环,有助于确保团队在整体战略中紧密协同,推动研发工作朝着使命和战略目标的方向高效推进。

2.人员配置的规划

人员配置规划是确保研发机构具备必要技能和专业知识,以顺利实施战略目标的关键一环。首先,需要确定所需的人才类型和数量,以满足研发方向和任务的需求。这可能包括工程师、科学家、项目经理等多个角色,确保人员的多样性和全面性。其次,要考虑未来的技术发展趋势和研发方向。随着技术的不断演进,确保人员具备适应未来挑战所需的技能和知识是至关重要的。这可能涉及对新兴技术领域人才的招聘,或是对现有成员的培训,以确保他们能够不断适应新的技术要求。最后,人员配置规划还应考虑成员的培训和发展计划。通过为团队成员提供持续的培训和发展机会,可以提高团队整体的技能水平,增强团队的创新和适应能力。这有助于建立一个稳健的人才队伍,为研发机构的长期发展奠定基础。

总体而言,人员配置规划是确保研发机构拥有强大、灵活和适应性人才队伍的关键一环,有助于团队高效地实现战略目标,应对未来的挑战。

3.技术平台的选择与建设

技术平台的选择与建设是研发机构成功运作的关键因素。首先,需要确定适合研发机构需求的技术平台。这可能涉及:(1)数据分析工具,用于处理和分析研究中产生的大量数据;(2)协作平台,促进团队成员之间的有效沟通和合作;(3)研发管理系统,用于项目计划、进度跟踪等方面的管理。其次,选择先进、可扩展的技术平台是至关重要的。先进的技术平台能够提供更多功能和更好的性能,有助于提高研发效率和质量。同时,平台的可扩展性意味着它能够适应研发机构未来的发展需求,支持更多的用户和更复杂的项目。最后,考虑未来技术的演进也是重要的因素。

总体而言,技术平台的选择与建设是一个需要谨慎考虑的过程。确保选择适合需求、先进可扩展、具有可持续性的技术平台,有助于提升研发机构的整体运作效能。

4.灵活性与可持续性的考虑

灵活性和可持续性是研发机构成功的两个关键因素,需要在设计方案中综合考虑。首先,对于灵活性的考虑,研发机构应该具备适应变化、快速调整研发方向和资源配置的能力。这可能涉及灵活的组织结构,使得机构能够快速调整团队成员的分工和协作方式。同时,需要有灵活的资源配置机制,以便根据不同项目的需要进行资源的合理分配。其次,可持续性需要覆盖组织结构、人员配置和技术平台等方面。(1)在组织结构方面,机构应该设计具有稳定性和可调整性的组织结构,以适应未来的发展需求。(2)人员配置方面,需要考虑如何吸引和保留高素质的人才,以及如何进行人才培养和继任计划,确保机构的长期发展。(3)在技术平台方面,要确保选择的技术平台具有可持续性,包括平台的更新和升级是否容易实现,以及是否能够适应未来的技术发展趋势。选择开放性的技术平台,使得原有技术更容易与新技术集成,保持技术上的可持续性。

综合考虑灵活性和可持续性,设计方案不仅能够满足当前的需求,还能够为未来的发展打下坚实基础。这有助于研发机构在不断变化的科技和市场环境中保持竞争力和创新力。

(三)实施阶段

逐步组建研发团队,引入先进的管理工具和技术平台,确保建设的顺利进行。

1.研发团队的逐步组建

研发团队的逐步组建是研发机构成功运作的基础。首先,需要招募高素质的科研人才、工程师和其他专业人员。这可能涉及广泛的招募渠道,包括校园招聘、社交媒体、专业网络等,确保招募到的人才具备所需的专业知识和技能,以及对研发目标的热情和承诺。在团队建设过程中,多样化的技能和经验是至关重要的,研发团队需要涵盖不同领域的专业人才,以便能够全面解决复杂的科研问题。通过招募具有不同背景和经验的成员,可以提高团队的创造力和创新性。其次,强调团队文化的塑造也是关键步骤。建立积极向上、合作共赢的团队文化有助于促进团队成员之间的合作和创新。这可能涉及共享价值观、设立共同目标、建立开放的沟通渠道等。通过激发团队的凝聚力和团队精神,可以更好地应对挑战和推动项目的成功实施。

总体而言,研发团队的逐步组建需要谨慎规划和执行。招募高素质的成员,确保团队具备多样化的技能和经验,以及强调团队文化的塑造,有助于构建一个具有竞争力和创新力的研发团队。

2.先进管理工具的引入

引入先进的管理工具是推动研发机构实施阶段顺利进行的重要步骤。首先,项目管理工具的引入有助于更有效地规划、执行和监控项目。这可能包括任务分配、进度跟踪、资源管理等功能,确保项目按计划进行,提高整体项目管理的效率。其次,协作平台的引入可以促进研发机构成员之间的协同效率。通过共享文件、实时沟通、团队日历等功能,协作平台有助于打破时间和地理的限制,提高团队的灵活性和协同工作效率。再次,数据分析工具的引入可以实现数据驱动的决策。科研项目通常涉及大量的数据,通过先进的数据分析工具,研发机构可以更深入地理解研究问题,提取有价值的信息,为科研决策提供科学依据。最后,在引入这些工具的同时,适时地培训研发机构成员是至关重要的。确保研发机构成员能够熟练使用这些工具,发挥其最大的效益。培训可以通过内部培训、外部培训、在线培训等方式进行,以确保成员具备必要的技能和知识。

总体而言,引入先进的管理工具有助于提高研发机构的整体效率和质量。通过科学的项目管理、协作平台和数据分析工具的应用,可以更好地支持研发团队的工作,推动项目的成功实施。

3.技术平台的建设

首先,搭建先进的技术平台是项目成功的关键一步。建设实验室是基础,确保实验设备齐全、先进,并且维护保养得当,以保证科研实验的顺利进行。其次,配置计算资源也是不可忽视的一环,确保研发机构能够充分利用高性能计算资源进行数据分析和模拟实验。再次,建设云平台是一个越来越重要的考量。云平台的优势在于具备灵活性和可扩展性,能够满足项目不断增长的需求。确保云平台的稳定性和安全性是至关重要的,可以防止数据丢失和安全威胁。复次,为了保证团队成员能够充分利用这些技术平台进行工作,培训是必不可少的一部分。通过系统的培训课程,团队成员可以掌握技术平台的使用方法和技巧,提高工作效率;定期更新培训内容,以跟上技术的发展,确保团队始终保持在技术前沿。最后,维护技术平台的可用性和稳定性是一个持续的过程。定期开展系统检查和维护工作,及时解决技术平台可能存在的问题,是确保团队科研和创新工作顺利进行的关键。通过不断优化和升级技术平台,保持其与最新技术的兼容性,使团队始终保持在科研的前沿。

4.建设过程的推进

建设过程的顺利推进是项目成功的重要方面。掌握团队的工作进度是确保项目按计划推进的关键。首先,定期的进度跟踪和报告可以帮助及时发现问题并采取必要的纠正措施,确保团队明确任务和目标,提高工作效率,使整个建设过程不偏离规划。其次,及时解决遇到的问题是确保建设过程顺利推进的关键一环,包括:(1)建立有效的沟通渠道,让团队成员能够迅速报告和反馈问题;(2)快速响应并采取适当的措施,以防止问题扩大化影响整个项目,也包括对风险的及时识别和应对,确保项目能够在不确定性中保持稳定;(3)与团队保持密切的沟通是建设过程中不可或缺的一部分,包括:定期召开会议,分享进展和问题,收集团队成员的意见和建议。通过有效的沟通,可以建立团队合作精神,提高团队的凝聚力,确保大家都对项目的目标和进展有清晰的了解。最后,收集反馈是持续优化实施策略的关键。倾听团队成员的意见和建议,根据实际情况调整项目计划和策略。灵活应对变化,不断优化工作流程和资源分配,以确保整个建设过程能够不断前进。

通过逐步组建团队、引入先进工具和技术平台,并保持建设过程的顺利推进,可以确保新型研发机构在实施阶段取得可观的进展。

二、关键因素

在新型研发机构建设过程中,关键成功因素包括:

(一)领导支持

组织高层领导的支持至关重要,确保研发机构在战略层面得到充分的支持和资源投入。

1.明确研发机构对组织的战略贡献

明确研发机构对组织的战略贡献是确保组织整体取得成功的基

础。首先,研发机构需要对组织的长期目标有清晰的了解,并确保自身的工作与这些目标保持一致。这可能包括开发新产品、提升技术水平、降低生产成本等方面的目标,研发机构应该通过创新和技术突破来实现这些目标,为组织的长期发展奠定基础。其次,在创新战略方面,研发机构扮演着至关重要的角色。通过持续研究和开发,为组织提供创新的产品和解决方案,确保组织能够在市场上保持竞争力。研发机构应该与市场部门紧密合作,了解市场需求,确保研发的产品能够满足客户的需求,推动组织在市场中取得优势地位。最后,在市场竞争方面,研发机构需要不断提升自身的技术实力,保持在行业内的领先地位。通过对新技术的研究和应用,不断提高产品的质量和性能,确保组织在市场上有竞争优势;与此同时,关注行业趋势和竞争对手的动态,及时调整研发方向,确保组织能够适应市场的变化。通过明确这些方面,研发机构可以为高层领导提供清晰的战略贡献,帮助组织在激烈的市场竞争中取得成功。

2.建立战略对接机制

建立战略对接机制是确保组织各部门协同合作、共同实现战略目标的关键一环。首先,定期的战略会议是确保高层领导与研发机构保持沟通的有效途径。这种会议可以提供一个平台,让研发团队能够向高层领导介绍工作进展、计划和面临的挑战。通过直接的对话,高层领导能够更深入地了解研发机构的需求和目标,为制定更有针对性的支持策略提供基础。其次,报告机制也是战略对接的重要组成部分。研发机构应该建立定期向高层领导报告的机制,包括工作进展报告、创新成果报告等。这些报告应该清晰地反映研发机构的绩效和成果,以便高层领导能够及时了解研发活动的情况,为决策提供有力的支持。最后,建立有效的沟通渠道也是战略对接机制的关键。高层领导和研团队之间需要畅通沟通渠道,以便及时解决问题、分享信息,并互相提供支持。这可以通过定期的沟通会议、电子邮件、即时通信工具等多种方式实现。

总的来说,建立战略对接机制有助于确保高层领导理解并全面支持研发机构的工作,为组织整体的战略目标提供有力的后盾。

3.资源投入与优先级制定

确保足够的资源投入是支持研发机构正常运作和创新工作的关键。首先是财务支持,确保研发机构有足够的经费来进行项目的研究和开发。这可能涉及制定合理的预算计划,确保每个项目都能够得到充分的资金支持;还包括审慎管理开支,确保资源的合理利用,以提高研发效益。其次是人力资源投入。确保研发团队有足够的人员,具备相关的技能和经验,以应对复杂的研发任务。招聘、培训和人才发展计划都是确保人力资源充足和高效运作的手段。此外,关注团队的工作环境和文化,创造有利于创新和团队协作的氛围,有助于提高人员的工作积极性和创造力。最后是高层领导的支持。在资源投入方面,高层领导需要明确研发机构在整体组织中的优先级,这意味着在资源分配上,研发机构能够得到足够的关注和支持。这可以通过与其他部门协调,确保资源分配的公平性和合理性。高层领导的明确支持和关注也有助于激发研发团队的积极性和创造力。优先级的制定涉及确定哪些项目或领域是组织战略中最重要的,以确保资源的集中投入。这可能需要对市场需求、技术发展趋势和竞争对手进行综合分析,以确定研发的优先方向。高层领导的明确指导和战略规划有助于确保整个研发机构朝着组织整体战略目标前进。

4.激励与认可机制的建立

建立激励与认可机制对于激发研发团队的积极性和创新激情至关

重要。

激励机制可以通过设立绩效奖励来鼓励团队成员的出色表现。这包括个人和团队的绩效评估，对表现优异者提供奖金、奖品或其他激励措施，激发他们的工作动力。提供晋升机会也是一种有效的激励手段。为团队成员提供晋升通道，让他们看到个人和职业发展的机会，将更有动力为组织贡献更多。透明的晋升机制和职业发展规划有助于员工建立对未来的信心和期望。

除了激励机制，高层领导的认可和肯定也是不可或缺的，定期表彰杰出表现、颁发奖项、公开赞扬个人或团队的成就，能够增强员工的自豪感和归属感。这种正面的反馈不仅能够激励获奖者，还有助于提高整个团队的凝聚力和促进团队合作。定期的团队会议和沟通平台也是表达认可的重要途径。通过这些平台，高层领导可以公开表达对研发团队的认可和支持，让团队成员感受到他们的工作受到了重视。

总的来说，激励与认可机制的建立是激发研发团队创新激情的关键一环，不仅有助于提高团队的工作积极性，也有助于吸引和留住优秀的人才。

（二）人才引进与培养

对于研发机构来说，人才是最重要的资源。要建设好研发机构，必须吸引高水平的科研人才，同时通过培训和跨学科合作培养团队的协同创新能力。

1.吸引高水平科研人才

在吸引高水平科研人才方面，确实需要在多个方面提供有竞争力的条件。（1）薪酬福利。为了吸引顶尖科研人才，提供具有竞争力的薪酬是至关重要的。这不仅包括基本工资,还包括提供绩效奖金、股权激励等形式的激励,以激发科研人才的积极性。(2)职业发展机会。建立清晰的晋升通道,为科技人才提供在研发机构内部的职业发展机会,有助于他们看到未来的发展潜力。(3)培训计划、技能提升机会也是吸引人才的重要考量。(4)工作环境是另一个关键因素。为科研人才提供良好的工作条件、先进的实验设备和研究工具,以及舒适的工作环境,有助于提高他们的工作效率和创新能力。(5)灵活的工作时间和工作制度也是一种吸引人才的方式。(6)与高校、科研机构的合作关系也是拓展人才招募渠道的有效手段。通过与这些机构建立紧密的合作关系,可以更容易地获得优秀科研人才的推荐,同时也能够参与共同的研究项目,促进人才的交流与合作。

总体而言,综合考虑薪酬福利、职业发展机会、工作环境以及合作关系等方面的因素,可以更有针对性地吸引高水平的科研人才加入研发团队。

2.培训机制的建立

建立培训机制是确保团队整体水平提升的有效途径。(1)组织内部培训。可以通过定期的培训课程、讲座和研讨会,为团队成员提供专业知识更新的机会,有助于团队成员紧跟行业发展趋势,保持在科研领域的前沿。(2)组织外部培训。参与外部培训课程、研究交流活动,让团队成员接触到更广泛的科研领域,有助于拓宽他们的视野,提升他们的创新能力和解决问题的能力。这可以通过与高校、科研机构等合作,共同举办培训课程或参与国际性的学术交流活动来实现。(3)除了专业知识的更新,培训机制还应该包括团队协作和领导力等软技能的培养。通过组织团队建设活动、领导力培训等方式,提高团队成员的协作能力和领导水平,有助于科技人才更好地应对团队工作中的挑战。(4)

建立有效的反馈机制也是培训机制中的一部分。通过定期评估和反馈，了解团队成员的培训需求和效果，及时调整培训计划，确保培训机制的有效性和适应性。

总体而言，培训机制的建立可以帮助团队成员不断提升自身素质，适应快速变化的科研环境，保持竞争力。这对于团队的整体发展和创新能力的提升至关重要。

3.跨学科合作与团队协同创新

跨学科合作与团队协同创新是在科研领域取得重要突破的关键因素。(1)鼓励不同专业背景的团队成员之间的合作是非常重要的。通过组建具有多学科背景的团队，可以融合各学科的知识、技能和思维方式，为解决复杂的科研问题提供更全面的视角，促成创新的灵感和想法。建立跨学科合作的文化还需要营造开放、包容的工作环境，包括：鼓励团队成员分享他们的专业知识，而不仅仅局限于各自的领域；定期组织跨学科的工作坊、座谈会等活动，促进不同学科之间的交流与合作。(2)团队协同创新的文化是整个团队共有的一种价值观。这包括鼓励团队成员分享创意、提出建议，以及支持开放式的团队讨论。通过建立积极的团队氛围，激发团队成员的创造力和合作精神，更好地应对科研问题的挑战。(3)除了团队内部的合作，外部的跨学科合作也是重要的。通过建立与其他研究机构、高校、产业界等的合作关系，可以促进资源和信息的共享，有利于推动更广泛的跨学科创新。

总体而言，跨学科合作与团队协同创新是推动科研领域发展的关键要素。通过构建开放的合作文化，鼓励不同背景的团队成员合作，可以更好地应对复杂的科研问题，推动创新的发生。

4.发展规划与晋升机制

(1)建立发展规划是为了帮助团队成员更好地进行个人的职业生

涯规划,实现个人目标。可以通过定期的个人发展谈话,了解团队成员的职业兴趣、技能和目标,制定个性化的发展规划。这有助于激发团队成员的积极性,使他们对未来的发展有明确的方向。为团队成员提供培训和学习机会也是发展规划的一部分,包括参加外部培训课程、研讨会,或内部的技能培训计划。通过培训,不断丰富团队成员的知识和提高技能水平,有助于他们更好地应对工作挑战,提高工作绩效。(2)建立公平公正的晋升机制是为了激励团队成员不断进取,为团队的稳定和发展提供人才保障。晋升机制应该基于成果和贡献,而不仅仅是工作资历或职位层级。通过设定明确的晋升标准和评价体系,确保每个团队成员都有公平的晋升机会,从而有助于提高团队成员的工作动力。透明的晋升机制也有助于团队成员更好地理解晋升的标准和路径,可以通过定期的晋升评审和反馈会议来实现,让团队成员清楚自己在晋升路径上的位置,并为他们提供改进的机会。

总体而言,建立发展规划与晋升机制的目的是激发团队成员的积极性和投入感。通过建立个性化的发展规划和公正的晋升机制,可以更好地留住人才,保持团队的稳定性和创新力。

(三)创新文化营造

在创新文化的营造中,首先,倡导开放、包容是至关重要的。开放包括开放的沟通渠道和开放的沟通氛围。通过设立开放的沟通渠道,如定期的团队会议、创新讨论平台等,为团队成员提供展示的机会,有助于激发创新思维,推动新想法的形成。通过建立开放的沟通氛围,鼓励团队成员分享失败经验并进行反思,帮助他们从失败中学习,促进创新文化的形成。包容则是让团队成员感到安全和受到尊重,无论他们提出的观点是否与主流看法一致,都能够得到一视同仁的对待。其次,创新文化的倡导还可以通过设立奖励机制来实现。奖励不仅可以是物质性的，如奖金或礼品，也可以是口头表扬或提升机会等形式。设立奖励机制可以激励团队成员更加积极地参与创新活动，增强创新的动力。最后，团队领导在创新文化的营造中应扮演关键角色。团队领导需要树立榜样，展示对新思想的开放态度，并积极支持团队成员的创新努力；还可以通过组织创新活动、提供资源支持等方式，为团队创新创造更多机会。

总的来说，倡导开放、包容的创新文化有助于形成积极的团队氛围，推动创新思维和实践；通过建立奖励机制和领导示范，加速创新文化的培养和巩固。

（四）技术平台建设

在技术平台建设方面，引入先进的工具和系统是提高研发效率和质量的关键。首先，数据分析工具的引入。这可以帮助团队更好地处理和分析大量的数据，有助于挖掘隐藏在数据中的信息，为研发决策提供更有力的支持。同时，数据分析工具也可以加速实验和研究过程，提高研发效率。其次，研发管理系统的使用。通过引入先进的研发管理系统，可以更好地跟踪项目进度、资源分配情况，并进行团队协作。这有助于优化项目管理流程，确保项目按计划推进，提高研发质量。除了数据分析工具和研发管理系统，还可以考虑引入其他先进的技术平台，如云计算平台。云计算可以提供灵活的计算资源，支持大规模的数据处理和存储需求，为团队提供更大的工作弹性，同时降低运维成本。技术平台的建设也需要考虑团队成员的培训和适应，确保团队成员能够熟练使用新引入的工具和系统，提高其技术水平，充分发挥技术平台的效益。

总的来说,技术平台建设是提高研发效率和质量的关键一环。通过引入先进的工具和系统,可以更好地支持团队的科研和创新工作,提高整体研发水平。

三、发展方向

新型研发机构的发展应紧密追踪科技趋势和市场需求,具体发展方向包括三个方面。

(一)持续创新

持续创新是一个组织保持竞争力和成长的关键要素。在建设机制方面,可以采取一系列措施以鼓励团队不断进行研究和实验,推动创新成果的不断涌现。(1)建立明确的研发目标和创新方向。确保团队清楚组织的长期目标,并为其提供足够的灵活性,以便能够在创新方向上进行实验和探索。(2)提供资源支持。这包括财务支持、人力资源、实验设备等。确保团队有足够的资源,可以自由地进行实验和研究,是推动创新的关键。(3)建立鼓励创新的文化。通过表彰和奖励创新成果,以及公开分享失败的经验等,可以建立开放、包容的创新文化,激发团队成员的积极性和创造力。(4)引入创新管理方法。采用灵活的项目管理方法,如敏捷开发,可以更好地适应不断变化的市场需求和技术趋势,促进创新的迭代和快速实施。(5)定期组织创新活动和研讨会,可以通过定期的团队会议、创新工作坊等形式实现。这有助于为团队成员提供交流和合作的机会,促进创新思维的交流和碰撞。

总的来说,鼓励团队持续创新需要在目标设定、资源支持、文化建设和管理方法等方面进行全方位的考虑和落实,这将有助于营造一个有利于创新的环境,推动创新成果的不断涌现。

(二)国际化合作

国际化合作是推动科研机构提升全球竞争力的有效途径。在建立国际化合作方面,可以采取一系列措施以与国际先进研发机构建立合作关系并共享创新资源。(1)建立国际合作的渠道。这可以通过与国际研发机构签署合作协议、参与国际学术会议、建立国际合作项目等方式实现。在选择合作伙伴时,应考虑其在相关领域的专业性和研究水平,以确保合作的高效性。(2)共享创新资源,包括人才、设备、技术和经费等方面。允许团队成员进行短期或长期的交流,可以促进知识和经验的流动。共享研究设备和技术,可以减轻设备投资的负担,提高研发效率。(3)参与国际学术合作项目,诸如联合研究项目、国际合作论文发表等。通过与国际团队的合作,可以获得不同文化和学术背景下不同思维的启发,推动创新思维的融合。(4)建立国际创新中心或实验室。这样的中心可以吸引国际顶级科研人才,同时提供一个开放的创新平台,促进国际研发机构之间的深度合作。

总体而言,国际化合作是提升科研机构全球竞争力的战略性举措。通过与国际先进研发机构建立紧密的合作关系,共享创新资源,可以推动科研工作走向国际化,加速创新成果的产出。

(三)社会责任

关注社会责任是科研机构履行其社会使命的一部分。在关注社会和环境影响的同时,可以采取多种措施积极履行企业社会责任,通过科技创新为社会带来积极影响:(1)将社会责任融入科研机构的研发目标和方向。确保科研项目的选择和实施符合社会的需求,有助于解决社会问题和提高生活质量。（2）推动可持续发展的研究。在科技创新的过程中，注重环境友好和资源可持续利用，研发环保技术和解决方案，以减少对环境的负面影响，为社会和环境作出积极贡献。（3）积极参与社区活动和公益事业。通过支持当地社区的发展、参与慈善项目等方式，将科研机构的资源和专业知识投入社会服务中，与社会建立起良好的关系。（4）保证透明度和保持沟通。科研机构应当与利益相关方保持沟通，并及时公布其研发成果对社会的积极影响。这有助于建立公众信任，并展示科研机构对社会责任的认真态度。（5）建立健全的社会责任管理体系。在科研机构内部成立专门的管理团队或部门来负责社会责任事务，建立监测和评估机制，不断改进社会责任履行的效果。

通过关注社会责任，科研机构不仅可以积极为社会做贡献，也有助于提升社会声誉，吸引更多的合作伙伴和人才。通过科学规划、灵活执行和持续创新，新型研发机构能够更好地适应变化、推动组织创新，为未来的发展奠定坚实基础。

四、指导意见

深入实施创新驱动发展战略，关于如何推动新型研发机构健康有序发展，提升国家创新体系整体效能，提出如下意见。

（1）新型研发机构是聚焦科技创新需求，主要从事科学研究、技术创新和研发服务，投资主体多元化、管理制度现代化、运行机制市场化、用人机制灵活的独立法人机构，可依法注册为科技类民办非企业单位（社会服务机构）、事业单位和企业。

（2）促进新型研发机构发展，要突出体制机制创新，强化政策引导保障,注重激励约束并举,调动社会各方参与。通过发展新型研发机构,进一步优化科研力量布局,强化产业技术供给,促进科技成果转移转化,推动科技创新和经济社会发展深度融合。

(3)发展新型研发机构,坚持"谁举办、谁负责,谁设立、谁撤销"的原则。举办单位(业务主管单位、出资人)应当为新型研发机构管理运行、研发创新提供保障,引导新型研发机构聚焦科学研究、技术创新和研发服务,避免功能定位泛化。

(4)新型研发机构一般应具备以下条件:

①具有独立法人资格,内控制度健全完善。

②主要开展基础研究、应用基础研究、产业共性关键技术研发、科技成果转移转化和研发服务等。

③拥有开展研发、试验、服务等必需的条件和设施。

④具有结构相对合理稳定、研发能力较强的人才团队。

⑤具有相对稳定的收入来源,主要包括出资方投入,技术开发、技术转让、技术服务、技术咨询收入,政府购买服务收入,承接科研项目获得的经费等。

(5)多元投资设立的新型研发机构,原则上应实行理事会、董事会(以下简称"理事会")决策制和院长、所长、总经理(以下简称"院所长")负责制,根据法律法规和出资方协议制定章程,依照章程管理运行。

①章程应明确理事会的职责、组成、产生机制,理事长和理事的产生、任职资格,主要经费来源和业务范围,主营业务收益管理,政府支持的资源类收益分配机制等。

②理事会成员原则上应包括出资方、产业界、行业领域专家和本机构代表等。理事会负责选定院所长,制定修改章程、发展规划、年度工作计划、财务预决算、薪酬分配等重大事项。

③法定代表人一般由院所长担任。院所长全面负责科研业务和日常管理工作,推动内控管理和监督,执行理事会决议,对理事会负责。

④建立咨询委员会,就机构发展战略、重大科学技术问题、科研诚信和科研伦理等开展咨询。

(6)新型研发机构应全面加强党的建设。《中国共产党章程》规定,设立党的组织,充分发挥党组织在新型研发机构中的战斗堡垒作用,强化政治引领,切实保证党的领导贯彻落实到位。

(7)推动新型研发机构建立科学化的研发组织体系和内控制度,加强科研诚信和科研伦理建设。新型研发机构根据科学研究、技术创新和研发服务实际需求,自主确定研发选题,动态设立调整研发单元,灵活配置科研人员、组织研发团队、调配科研设备。

(8)新型研发机构应采用市场化用人机制、薪酬制度,充分发挥市场机制在配置创新资源中的决定性作用。自主面向社会公开招聘人员,对标市场化薪酬合理确定职工工资水平,建立与创新能力和创新绩效相匹配的收入分配机制。对以项目合作等方式在新型研发机构兼职开展技术研发和服务的高校、科研机构人员,按照双方签订的合同进行管理。

(9)新型研发机构应建立分类评价体系。围绕科学研究、技术创新和研发服务等,科学合理设置评价指标,突出创新质量和贡献,注重发挥用户评价作用。

(10)鼓励新型研发机构实行信息披露制度,通过公开渠道面向社会公开重大事项、年度报告等。

(11)符合条件的新型研发机构,可适用以下政策措施。

①按照要求申报国家科技重大专项、国家重点研发计划、国家自然科学基金等各类政府科技项目、科技创新基地和人才计划。

②按照规定组织或参与职称评审工作。

③《中华人民共和国促进科技成果转化法》等规定,通过股权出售、股权奖励、股票期权、项目收益分红、岗位分红等方式,激励科技人员开展科技成果转化。

④结合产业发展实际需求,构建产业技术创新战略联盟,探索长效稳定的产学研结合机制,组织开展产业技术研发创新、制定行业技术标准。

⑤积极参与国际科技和人才交流合作。建设国家国际科技合作基地和国家引才引智示范基地;开发国外人才资源,吸纳、集聚、培养国际一流的高层次创新人才;联合境外知名大学、科研机构、跨国公司等开展研发,设立研发、科技服务等机构。

(12)鼓励设立科技类民办非企业单位(社会服务机构)性质的新型研发机构。科技类民办非企业单位应依法进行登记管理,运营所得利润主要用于机构管理运行、建设发展和研发创新等,出资方不得分红。符合条件的科技类民办非企业单位,按照《中华人民共和国企业所得税法》《中华人民共和国企业所得税法实施条例》,以及非营利组织企业所得税、职务科技成果转化个人所得税、科技创新进口税收等规定,享受税收优惠。

(13)企业类新型研发机构应按照《中华人民共和国公司登记管理条例》进行登记管理。鼓励企业类新型研发机构运营所得利润不进行分红,主要用于机构管理运行、建设发展和研发创新等。依照《财政部 国家税务总局 科技部关于完善研究开发费用税前加计扣除政策的通知》(财税〔2015〕119 号),企业类新型研发机构享受税前加计扣除政策。依照《科技部 财政部 国家税务总局关于修订印发〈高新技术企业认定管理办法〉的通知》(国科发火〔2016〕32 号),企业类新型研发机构可申请高新技术企业认定,享受相应税收优惠。

（14）地方政府可根据区域创新发展需要,综合采取以下政策措施,支持新型研发机构建设发展。

①在基础条件建设、科研设备购置、人才住房配套服务以及运行经费等方面给予支持,推动新型研发机构有序建设运行。

②采用创新券等支持方式,推动企业向新型研发机构购买研发创新服务。

③组织开展绩效评价,根据评价结果给予新型研发机构相应支持。

（15）鼓励地方通过中央引导地方科技发展专项资金,支持新型研发机构建设运行。鼓励国家科技成果转化引导基金,支持新型研发机构转移转化利用财政资金等形成的科技成果。

（16）科技部组织开展新型研发机构跟踪评价,建设新型研发机构数据库,发布新型研发机构年度报告。将新型研发机构纳入创新调查和统计调查制度实施范围,逐步推动规模以下企业类新型研发机构纳入国家统计范围。地方科技行政管理部门负责协调推动本地区新型研发机构建设发展、开展监测评价、进行动态调整等工作。

（17）建立新型研发机构监督问责机制。对发生违反科技计划、资金等管理规定,违背科研伦理、学风作风、科研诚信等行为的新型研发机构,依法依规予以问责处理。

（18）地方可参照本意见,立足实际、突出特色,研究制定促进新型研发机构发展的政策措施开展先行先试。

第三节　新型研发机构科技人才管理现状

一、招聘与引进阶段

（一）激烈竞争与招聘难题

在吸引科技人才方面，机构可能面临激烈的竞争。招聘困难可能导致机构无法迅速填补关键职位，影响研发项目的推进。

1.人才争夺激烈

人才争夺确实是当今科技领域的一个显著特点。由于科技的迅速发展，人才市场对高级科技专业人才的需求急剧增加，甚至供不应求，企业和研发机构面临着激烈的人才竞争。在这种竞争激烈的环境下，一方面，吸引和留住优秀的科技人才变得至关重要。企业需要提供具有吸引力的薪酬和福利待遇，创造积极、创新的工作环境，并提供发展和晋升的机会。此外，建立良好的企业品牌形象和文化也对吸引人才起到关键作用。另一方面，培养本土人才也是一个长远的解决方案。通过与高校、研究机构等建立紧密的合作关系，推动科技人才的培养，有助于降低对外部人才的过度依赖。总的来说，人才争夺的激烈程度提醒企业和机构在人才战略上需要更为创新和灵活，以确保能够吸引并留住最优秀的科技专业人才。

2.高薪竞争压力

高薪竞争确实是一个普遍存在的挑战，尤其对于那些预算相对较少的初创或中小型机构而言。在科技领域，由于对高级科技人才的需求比较大,机构往往不得不提高薪资水平,以吸引和留住这些优秀的人才。在有限的预算内提供具有竞争力的薪资待遇可能需要机构进行更为精细的财务规划,涉及优化其他方面的开支,包括制定更具效益的员工福利方案、探索创新的激励机制等,以在有限的资源下提高机构吸引力。此外,机构还可以通过提供非薪酬型的福利和发展机会来提高吸引力,例如灵活的工作安排、职业发展计划、培训和学习支持等。这些因素可以帮助机构在竞争中脱颖而出,吸引那些注重综合福利和职业发展的科技人才。总的来说,高薪竞争的压力要求机构在吸引人才和留住人才方面更为巧妙和创新,以在有限预算下保持竞争力。

3.岗位空缺影响项目进展

岗位空缺确实可能对项目进展产生严重的负面影响。招聘困难导致关键职位长时间空缺,可能会使项目团队面临人手不足的困境,进而影响项目的推进和顺利完成。首先,空缺岗位可能导致项目计划的延迟。缺乏足够的人力资源,团队可能无法按照原定的时间表完成任务,从而推迟整个项目的交付时间。这对于有紧急时间要求或市场竞争激烈的项目来说,可能是特别严重的问题。其次,项目团队的不完整也可能影响项目的质量。如果缺少某个关键职位的专业知识和技能,可能导致项目中出现错误或不完善的部分,从而降低项目的整体质量。解决这个问题的方法包括加强招聘策略,探索更广泛的招聘渠道,提高招聘效率等。此外,可以考虑临时性的人力资源补充,如外包或合作,以确保项目能够按时按质完成。总体来说,及时填补岗位空缺对于项目的推进和成功完成至关重要,需要采取有效措施以确保团队的完整性和高效运作。

激烈的竞争和招聘困境使得机构在吸引科技人才方面需要制定更具吸引力的招聘策略,包括提供全面的福利、强调企业文化和项目挑战性等方面的措施，以在激烈的市场中脱颖而出。

（二）人才匹配度不够

机构在招聘过程中可能存在人才匹配度不够的问题，招聘的人才未必能够完全符合项目需求，可能导致培训成本增加和项目执行效率降低。

1.需求分析不清晰

在招聘前期，准确而清晰地定义项目或岗位的需求是确保招聘成功的第一步。如果机构未能充分理解岗位所需的技能、经验和素质，招聘过程中缺乏明确的方向，可能导致招聘出现偏差，从而影响人才的匹配度。要做好需求，首先要与相关部门和团队充分沟通，明确项目或岗位的具体要求，包括技能、经验、学历等方面的要求，以及与团队文化和价值观相关的软性技能和素质。其次要建立明确的招聘标准和评估体系，确保所有招聘人员对所需人才的要求有一致的理解，有助于减少招聘的主观性。最后可以借助专业的招聘咨询公司或人才招聘平台，以获取更准确的市场信息和趋势。这可以帮助机构更好地了解当前人才市场的情况，制订更切实可行的招聘计划。

通过加强需求分析，机构可以更有效地定位和吸引符合项目或岗位要求的人才，提高招聘成功的概率，确保人才匹配度更加精准。

2.招聘流程不当

严谨有效的招聘流程对于确保招聘成功和提高人才匹配度至关重要。如果面试环节不够全面，无法全面评估应聘者的技能、经验和适应能力，可能会导致招聘决策的不准确。如果使用的评估工具不具备科学性和客观性，可能导致对应聘者能力的错误评估，从而选择了不适合的人才。如果缺乏有效的沟通机制，可能导致在招聘流程中信息传递不清晰,应聘者对岗位要求理解不准确,从而影响匹配度。如果招聘人员缺乏相关培训,可能无法正确理解项目或岗位的实际需求,导致招聘方向的偏差。

3.招聘人员缺乏专业知识

缺乏专业知识的招聘人员可能在多个方面表现出不足:首先,他们可能难以理解特定项目或岗位所需的技能和知识,从而导致发布的职位描述不够准确,无法吸引到真正符合要求的应聘者。一个模糊的职位描述可能会引来大量不匹配的申请,增加了简历筛选和招聘过程的复杂性。其次,由于缺乏对相关领域的了解,招聘人员可能无法有效地评估应聘者的实际能力。他们可能无法深入挖掘应聘者的经验和技能,从而无法确定其是否适合特定的项目或岗位。这可能导致有误导性的招聘决策,最终影响团队的绩效和效率。最后,缺乏专业知识的招聘人员可能难以与应聘者进行深入的技术面试或讨论。在评估技术能力和适应性方面,他们可能无法提出有针对性的问题或深入了解应聘者的技术见解,从而导致评估过程的表面化和不准确性。总体而言,招聘人员的专业知识水平直接影响到人才匹配的质量。缺乏相关领域的深刻理解可能导致招聘流程的低效和不准确,最终影响到组织的人才质量和绩效水平。

4.岗位描述不准确

岗位描述不准确可能表现为以下几个方面:首先,岗位描述中对所需技能和经验的要求模糊不清,会使得应聘者难以判断自己是否具备必要的技能和经验,从而增加了投递不合适简历的可能性。其次,岗位描述中的信息如果过于笼统或泛泛而谈,可能无法吸引到真正符合要求的应聘者。精准的描述可以吸引到更有针对性的应聘者,而模糊的描述可能会引来一大批不匹配的简历,增加了筛选的难度。最后,岗位描述如果未能准确体现组织文化和价值观，可能会吸引到不适应公司文化的应聘者。公司文化的匹配对于长期的员工满意度和绩效表现至关重要，因此岗位描述应该反映出这些方面的要求。总体来说，岗位描述不准确可能导致招聘过程的混乱和低效。清晰、明确、有针对性的描述有助于吸引到更符合要求的应聘者，提高招聘的效果和成功率。

5.缺乏有效的培训机制

缺乏有效培训机制可能在组织中表现出一系列问题：首先，没有明确的培训计划和资源支持，新员工可能会面临难以适应新环境和工作要求的困境，影响他们的工作效率和积极性。其次，缺乏有效的培训机制可能导致员工在实际工作中不具备必要的技能和知识，从而影响整体执行效率。有效的培训可以帮助员工更快地掌握所需的工作技能，提高工作质量和效率。最后，如果没有及时更新培训内容，员工的知识水平滞后，可能无法跟上行业或技术的发展和变化，难以适应新的工作要求，影响团队的创新能力和竞争力。总体来说，缺乏有效的培训机制可能导致员工的能力不足，从而影响整个项目的执行效果。建立完善的培训体系对于保持员工竞争力、提高团队绩效至关重要。

解决上述人才匹配度不够的问题，需要机构在招聘前期加强需求分析，建立科学的招聘流程，提升招聘人员的专业水平，精确描述岗位需求，以及建立完善的培训机制，以确保招聘到的人才更好地匹配项目需求。

二、培养与发展阶段

（一）缺乏创新性培训

机构的培养计划可能缺乏创新性，未能及时涵盖新兴技术和领导力培养，导致员工在科技发展方面的知识更新滞后。

1.陈旧的培训内容

陈旧的培训内容可能表现为以下几个方面:首先,培训内容过时,无法反映当前科技和行业的最新发展。这会导致员工学到的知识和技能与实际工作要求脱节,难以适应快速变化的商业环境。其次,陈旧的培训内容可能导致员工对新兴技术和方法的了解不足。在科技迅速发展的领域,过时的培训内容无法提供员工所需的新知识,限制了他们在工作中应对挑战的能力。总体而言,陈旧的培训内容可能导致员工缺乏对新兴技术和行业趋势的了解,影响其在工作中的灵活性和创新性。为了保持员工的竞争力,组织需要定期更新培训内容,确保其与行业发展保持同步。

2.缺乏先进的培训方法

缺乏先进的培训方法可能表现为以下几个方面:首先,过度依赖传统的培训方式,如课堂讲授或在线视频。这可能导致培训单调和枯燥,员工可能失去兴趣,难以保持对培训内容的关注,从而影响学习效果。其次,培训缺乏实践项目和实际应用,员工可能无法将理论知识转化为实际工作中的实际技能。先进的培训方法应该包括实际操作、模拟项目等,以确保员工具备在实际工作场景中应用所学知识的能力。总体来说,缺乏先进的培训方法可能阻碍员工的全面发展,而采用互动性强、实践性强的培训方式可以更好地激发员工的学习兴趣,促进员工对知识的深入理解和实际应用。

3.缺乏个性化的培训计划

缺乏个性化的培训计划可能无法满足不同员工的个性化学习需求,与员工的职业规划脱节。每位员工的背景、技能水平和职业目标都可能不同,个性化培训计划应该根据员工的职业目标和发展计划,为其提供有针对性的培训内容,帮助其更好地实现职业目标;关注员工所需的具体技能和知识,使培训更贴近实际工作需求,提高学习的实际应用价值。总体而言,个性化培训计划是培训创新的关键组成部分。通过了解员工的独特需求,组织可以提供更有针对性和实际意义的培训,促进员工的全面发展和职业成长。

4.忽视领导力和创新能力的培养

首先,领导力是推动团队取得成功的关键因素,因此培训计划应该注重培养员工在领导层面的能力和素质。其次,创新能力在现代商业环境中至关重要,如果培训计划未能强调创新思维和解决问题的能力,员工可能会缺乏在快速变化的市场中创造新价值的能力。创新型培训应该鼓励员工挑战传统观念,提倡创新思维,并为其提供解决问题的工具和方法。领导力和创新能力的培养应该贯穿整个员工层级,而不仅仅局限于高层管理者。每个员工都应该具备一定的领导力和创新能力,以便更好地适应变化和进行团队协作。

5.缺乏及时的反馈机制

及时的反馈对于培训的效果至关重要。缺乏有效的反馈机制,将无法及时了解员工的学习进展和遇到的问题,从而无法调整培训计划以提高效果。

解决培训缺乏创新性的问题,需要机构审视并更新培养计划,引入创新的培训内容和方法,注重个性化培训,关注领导力和创新能力的提升,并建立有效的反馈机制以不断改进培训质量。

(二)晋升通道不透明

缺乏及时反馈机制可能导致培训计划无法满足员工的实际需求和学习进展。首先,无法了解员工在培训中遇到的难点和困惑。这可能导致培训计划未能有效地满足员工的实际学习需求。其次,无法评估培训计划的实际效果,如是否达到了预期的学习目标,从而无法进行及时的调整和改进。最后,使员工在培训中感到缺乏关注和关怀。员工希望知道他们的学习成果是否被认可,并期望得到具有建设性的反馈以不断提高自己。解决这些问题的关键在于建立一个有效的反馈机制,可以通过定期评估、问卷调查、个体辅导等方式来获取员工的反馈。反馈机制可以帮助机构更好地了解员工的需求,优化培训计划,提高培训的实际效果。

三、创新与激励阶段

(一)缺乏差异化激励

激励机制可能缺乏差异性,未能充分考虑个体差异和项目贡献,可能导致员工对激励措施的认同感降低。

1.通用性激励机制的不足

首先,每个员工的动机和价值观可能不同,通用的奖励制度难以满足不同员工的个性化需求。一些员工可能更注重薪酬,而另一些可能更看重职业发展或工作满足感。其次,有些项目可能需要特定技能或特殊努力,通用激励机制难以精确评估和奖励这些项目中的个体贡献,从而削弱了员工的内在动力。最后,通用型激励机制可能导致员工对激励的认同感不足。如果员工感觉自己的独特贡献没有得到充分的认可,他们可能会对组织的激励机制产生负面情绪,影响工作积极性和投入度。因此,研发机构有必要引入更灵活、个性化的激励机制,包括根据员工的个体差异制定个性化的奖励计划,以及根据项目的特殊需求设计差异化的激励方案。更精准地识别和奖励员工的贡献,可以提高激励的有效性和员工的满意度。

2.项目贡献的忽视

机构可能忽视员工在特定项目上的贡献。首先,如果激励机制主要关注整体绩效而不具体考虑项目贡献,员工可能会感到项目上的个体努力未被充分认可。这可能导致员工对项目投入不足,影响整个项目团队的效能。其次,项目贡献的忽视可能降低员工对项目目标的投入和责任感。如果激励主要以整体绩效为导向,员工可能更倾向于追求表面的业绩而忽略对特定项目的深入参与和贡献。这可能影响项目的质量和完成时间。最后,不充分考虑项目贡献可能降低团队合作和协同的动力。项目通常需要团队协同工作,而个体贡献的认可和奖励可以促使员工更好地协同合作,达成项目目标。解决这个问题的方法之一是建立项目导向的激励机制。这意味着激励应该更注重对在特定项目中取得的成果和贡献的认可,而非仅仅依赖整体绩效。通过明确项目目标和相关激励措施,可以激发员工在项目中的积极性,提高整个项目团队的效能和协同合作水平。

3.激励与职业发展挂钩不足

激励机制与职业发展的紧密关联对于员工的长期激励和满意度至关重要。首先,如果激励主要集中在薪资和一次性奖励上,员工可能感受到职业发展的不确定性。长期的职业发展包括晋升机会、培训计划、专业发展等方面,如果激励机制未考虑这些因素,员工可能会对未来的职业发展感到担忧,影响其对组织的忠诚度和长期承诺。其次,激励与职业发展挂钩不足可能导致员工对组织的长期发展缺乏信心。员工可能会寻求能够提供更好职业发展机会的组织,而非仅仅因为薪资和短期奖励而留在当前组织。这可能增加员工的流失率,对组织的稳定性和绩效产生负面影响。解决这个问题的途径之一是将激励机制与职业发展路径紧密结合,包括提供晋升机会、定制化的培训计划、导师制度等,使员工感到他们在组织中的发展是被重视的。通过明确的职业发展规划和激励手段,组织可以更好地吸引和留住高绩效的员工。

通过在不同层次上优化激励机制,考虑员工个体差异、项目贡献、个性化需求和职业发展,机构可以提高激励机制的差异化,增强员工的激励感受,促进团队的高效运作。

(二)项目成果评估困难

评估科技人才的项目成果可能存在难题,特别是在涉及创新型研发项目时,评价标准不明确可能影响激励效果。

1.项目目标设定的模糊性

项目目标的模糊性可能会导致一系列挑战:首先,模糊的项目目标使得员工难以理解期望。如果目标缺乏清晰度和具体性,员工可能对项目的方向和优先事项产生困惑,从而影响他们的工作重心和效率。其次,缺乏可量化的指标难以衡量项目进展。明确的指标可以帮助科技人才了解项目的具体进展情况,而模糊的目标可能导致缺乏有效的衡量标准,难以客观评估项目的成功与否。最后,模糊的目标可能影响团队的协同合作。如果每个成员对项目目标的理解存在偏差,可能导致团队的方向不一致,降低整个团队的执行效能。因此,研发机构应确保项目目标的具体、明确、可量化。目标应该清晰地阐明预期的结果,包括具体的任务、时间表和成果。同时,为科技人才提供明确的评估指标和标准,以便更好地理解他们的贡献如何影响项目的成功。明确项目目标有助于提高团队的整体效能和员工的工作满意度。

2.创新性贡献难以衡量

创新型研发项目的贡献往往难以衡量,这可能带来一系列问题:首先,由于创新项目的成果可能需要一定时间才能显现,传统的短期绩效指标可能无法全面反映创新工作的价值。这可能导致在评估时低估了科技人才对未来发展的贡献。其次，创新可能涉及新技术的研究、新思想的探索，这些很难通过传统的绩效指标准确衡量。最后，如果激励机制缺乏对创新性贡献的特殊考虑，可能导致科技人才感到他们的努力和创新精神未受到充分的认可，从而影响其工作动力和投入。因此，研发机构应引入更灵活的评估方法，例如定期的创新演示、项目进展汇报，以及专门评审创新性工作的委员会。同时，制定明确的创新目标和长期发展规划，以帮助科技人才理解其工作的价值和影响。确保激励机制能够充分考虑到创新性贡献，以激发科技人才的创新动力。

3.长期影响的不确定性

某些科技项目的成果可能需要较长时间才能显现出对企业的实际价值，在短期内难以明确评估其贡献。这使得在短期内对项目成果进行准确评估变得复杂。长期影响的不确定性可能带来以下问题：首先，短期内无法准确评估项目的成果可能导致对科技人才的激励效果不明显。由于长期影响尚未显现，员工可能感受不到他们的努力对企业的实际价值，这可能影响其对激励机制的信任和认同。其次，由于不确定性，企业可能难以在短期内做出明智的资源分配和投资决策。缺乏对项目长期影响的清晰认识可能使企业难以判断是否继续支持这些项目，从而影响项目的推进和发展。因此，研发机构应设定合理的长期目标并分解进度，以便在短期内能够衡量项目进展。同时，研发机构对项目长期影响的期望应该公开透明，帮助科技人才理解其工作的战略重要性。另外，建立明确的长期评估机制，可以在项目取得实际影响时对科技人才进行适当的认可和奖励。

4.团队协作与个人贡献的界定

在科技研发项目中，团队合作是不可或缺的，但同时也带来了困扰,即如何评估个人在团队中的贡献。首先,科技项目通常是团队协作的产物。团队成员在项目中紧密合作,分享知识和资源,个人的创新和努力常常融入整个团队的工作中,使得个体的具体贡献变得难以独立衡量。其次,缺乏对团队合作和个体创新的明确区分可能导致不公平的激励分配。如果评估机制难以准确衡量个体在团队合作中的独特贡献,可能导致个人在激励方面感到自己的贡献被低估,从而降低组织的忠诚度和投入度。最后,如果个人贡献无法被清晰识别,可能会影响员工的职业发展和晋升机会。在科技领域,个体的技术和创新能力通常是升职的重要因素,因此对个人贡献的公正评估至关重要。因此,研发机构应建立清晰的项目目标和创新性贡献的评估标准,考虑长期影响,并合理界定团队合作与个人贡献的关系,提高科技人才项目成果评估的准确性和公正性。

第四节　浙江省新型研发机构案例分析

新型研发机构作为一种新的研发组织形式,凭借投资主体多元化、管理制度现代化、运行机制市场化、用人机制灵活化的优势,已经成为创新驱动发展的重要力量。在各级政府的大力支持下,新型研发机构呈现遍地开花、星火燎原之势。从国家科技自立自强战略支撑来看,新型研发机构这一重塑式改革已经成为创新体制机制改革率先突破的先手棋,成为激发人才创新创业活力的关键点,成为增强经济社会创新力走在前的突破口。培育和发展新型研发机构成为推进科教强国、人才强国建设,深入实施创新驱动发展战略的重要举措之一。新型研发机构作为国家和区域创新体系中的重要组成部分，旨在克服传统科研机构在科技体制、机制上的制约，聚焦区域的创新资源要素，是促进产业与创新深度融合、促进科技成果转化、提升国家创新体系整体效能、建设世界科技强国的重要新载体。

一、发展背景

（一）研究背景与意义

"新型研发机构"是在我国政策导向下出现的新名词，2010年，"新型研发机构"一词首次出现在官方公布的文件中，之后学术界也开始从不同的视角对新型研发机构的概念给出界定，但并未形成统一说法。2019年9月，科技部发布《关于促进新型研发机构发展的指导意见》（以下简称《意见》），对新型研发机构进行了统一定义。《意见》明确，新型研发机构是聚焦科技创新需求，主要从事科学研究、技术创新和研发服务，投资主体多元化、管理制度现代化、运行机制市场化、用人机制灵活的独立法人机构。新型研发机构在许多方面呈现出不同于传统研发机构的特点，国内学者认为创新（包括体制机制创新）、政府导向、多主体、市场化运作、现代化管理模式、资源整合、产业创新延展、搭建完整创新链、产学研协同是这类新型机构的共性特征，认为新型研发机构是以科技研发活动为主的新型法人机构。

据不完全统计，截至2020年，全国各地新型研发机构总量已远超千家，其中江苏逾400家，湖北逾300家，广东逾200家，福建、河南合计逾100家，浙江省提出至2025年建成500家。

习近平总书记2021年9月在中央人才工作会议上的讲话指出，开展人才发展体制机制综合改革试点，集中国家优质资源重点支持建设一批国家实验室和新型研发机构,发起国际大科学计划,为人才提供国际一流的创新平台,加快形成战略支点和雁阵格局。这是党中央首次将新型研发机构与国家实验室这一国家最高科研平台并列,进一步体现了对新型研发机构的高度重视,进一步凸显了新型研发机构的重大历史使命。在 2021 年 12 月举行的中央经济工作会议上,习近平总书记再次强调科技政策要扎实落地,要强化国家战略科技力量,发挥好国家实验室作用,重组全国重点实验室,推进科研院所改革。无论是发挥好国家实验室(重点实验室)作用,还是重点实验室"重组"、科研院所"改革",其关键就是采用新的科研组织模式(即新型研发机构)来运营与管理国家战略科技力量,这也是赋予新型研发机构在新时代科技体制改革中的新任务、新期望、新篇章。建立符合人才与科技规律的创新体制机制是重要保障,新型研发机构在创新体制机制改革中责无旁贷。

(二)国际经验与借鉴

一是统筹政策支持,建立利益共享机制。从国际经验来看,具有公益性的研发类机构很难在建设初期从市场筹集足够的经费,都需要政府在前期给予持续的扶持。例如,德国四大骨干科研机构马克斯普朗克学会、亥姆霍兹国家研究中心联合会、弗劳恩霍夫应用研究促进协会和莱布尼茨科学联合会都是独立于政府存在的,以公司、基金会或社会团体形式运行,其经费 30% 来自政府无偿拨款,70% 来自公共部门和企业的竞争性科研项目。因此,浙江省的新型研发机构建设,必须统筹好财政资源和社会资源,形成多元投入机制,建立利益共享机制,政府获得社会效益,企业获得技术支撑,高校获得人才实践机会;引导新型研发机构充分整合领军企业、科研机构、地方高校的人员力量及平台优势,节约建设成本的同时,促进科研生态系统融合创新;完善配套政策,允许符合条件的新型研发机构自主开展职称评审，加大研究生招生名额支持，建立高层次人才子女入学、安家补贴等生活保障机制，稳定科研人员的预期。

二是关注共性技术，明确公益属性。从国际经验来看，类似机构都明确定位于为产业提供公益性研发和创新服务，而不与高校和企业进行同业竞争。所以，新型研发机构要以区域产业升级需求为导向，聚焦行业共性技术需求，避免陷入简单化的产品生产销售过程，更要杜绝简单化地作为孵化器进行收租的现象；在运行机制上，要处理好市场化运作、企业化运作、事业化运作的关系，在纯公共产品、准公共产品和市场化产品之间寻找平衡点，不排除在整体上坚持市场化运作、企业化运作的同时，在局部坚持事业化运作。

三是聚焦发展需求，开展弹性引才。从国际经验看，更加灵活的用人机制能更好地激发研究人员的创新活力。例如，美国未来产业研究所允许科研人员在其原本归属的机构和新型研发机构之间自由流动，身份无缝转换，以双重聘用、联合聘用、阶段性任职、学术休假（反向休假）等多元途径进行灵活管理。因此，我们应该赋予新型研发机构更大的用人自主权，围绕自身发展需求，从海内外的企业、高校引进具有基础研究、技术开发、工程实践等多元背景的人才队伍；杜绝唯头衔论，杜绝到处"走穴"现象，消除浮躁气氛，让研究回归学术本质；建立更加弹性灵活的引才用人制度，完善人事及薪酬管理制度，以激发科研人员创造力为目标，最大限度保障科研人员潜心研究。

四是强化监督管理，实施激励约束。从国际经验看，新型研发机构在保证管理灵活的前提下，也要建立适当的激励约束机制。例如，法国卡诺研究所联盟为了防止部分机构停滞不前，进入联盟的研究所需要经过法国高等教育与研究部、法国国家科研署与卡诺评选委员会的严格认定,有效期为 5 年,超过有效期需再次评定,如果研究所在与企业进行合作研究、技术转移、资源共享等方面取得的成果无法达标,协会将取消认证标签。因此,建立并持续优化理事会领导下的院所长负责制,从政府、研究机构、企业选聘理事会成员,负责定期对研究所进行项目审查和财务监督,对机构发展成效进行评估,并提供战略指导;支持新型研发机构以"赛马制""揭榜制"等方式参与政府类和企业类科技攻关项目,将事前资助改为事后激励,对完成度较好的单位给予职称评审、住房保障政策等更大倾斜,鼓励其真正解决"卡脖子"技术难题;建立退出机制,对定位不清、人员力量薄弱、连续几年没有成果产出的新型研发机构予以警告,连续被警告多次的予以清退。

二、举措成效

浙江省委、省政府高度重视新型研发机构建设,深入实施引进大院名校共建创新载体战略,省、市、县三级联动建设投入主体多元化、管理制度现代化、运行机制市场化、用人机制灵活化的新型研发机构,在强化战略科技力量、打好关键核心技术攻坚战、提升产业基础能力和产业链现代化水平等方面发挥了重要作用,为建设高水平创新型省份和科技强省、打造"重要窗口"标志性成果提供了有力支撑。

为了加快推进高水平新型研发机构建设,省政府办公厅印发《关于加快建设高水平新型研发机构的若干意见》(浙政办发〔2020〕34 号),提出浙江省具有"四不像"特征的新型研发机构的画像,破解建设过程中存在的体制机制障碍和政策堵点,充分发挥市场配置资源的决定性作用和更好发挥政府作用,省、市、县三级联动、梯度培育,按照引进共建一批、优化提升一批、整合组建一批、重点打造一批"四个一批"的方式，推进新型研发机构体系化布局，打造既能解决基础研究的关键核心问题，又能为产业创新提供科技支撑的高水平创新载体。瞄准世界科技前沿和浙江省"互联网＋"、生命健康、新材料等三大科技创新高地建设，紧扣传统产业升级和未来产业培育发展，省、市、县三级联动、梯度培育，打造既能解决基础研究的关键核心问题，又能为产业创新提供科技支撑的高水平创新载体。到 2022 年，建设新型研发机构 300 家，其中省级 100 家，引进一流创新人才和团队 300 名（个），集聚科研人员 30000 名，在重点领域取得一批重大原创性科研成果，攻克一批关键核心技术，转化一批重大科研成果，新型研发机构研发经费支出占科研机构总支出的比重超过 40％。到 2025 年，建设新型研发机构 500 家，其中省级 150 家，引进一流创新人才和团队 500 名（个），集聚科研人员 50000 名，在十大标志性产业链和重点领域实现全覆盖，新型研发机构研发经费支出占科研机构总支出的比重超过 60％，推动全省研发经费支出中基础研究的比重达到 8％，培育国家重点实验室、技术创新中心等国家级创新载体 20 家以上，打造一批覆盖科技创新全周期、全链条、全过程的高水平创新平台，有力推动高水平创新型省份建设。

按照"创建制"要求，坚持定性评价与定量评估相结合，委托第三方专业机构，聚焦"三个突出"，于 2020 年组织开展了首批 36 家省级新型研发机构评估认定工作。引进共建方面，36 家省级新型研发机构中，75％以上是 2018 年后引进和建设的，各级政府通过吸引一流高校、科研机构等设立或共建，重点围绕浙江省重大发展战略需求，开展基础研究、应用基础研究和关键共性技术攻关，已成为浙江省新型创新体系的中坚力量。如杭州市萧山区每年出资 8 亿元引进了北大信息高等研究院，富阳区将杭州光学精密机械研究所作为推动区域转型升级发展的一号工程。优化提升方面，特种设备科学研究院是传统事业单位深化体制机制创新；巨化技术中心、养生堂研究院等5家企业研发机构从非独立的企业研究院升级为独立法人，体现了相关企业加大创新引领的需求和投入，更好地支持企业和产业发展。整合组建方面，云栖工程院、北大信息技术研究院等5家机构，以重大科研项目为牵引，整合相关领域高校、企业等创新资源，围绕产业关键技术，通过建立联合实验室、打造创新联合体等形式整合组建为新型研发机构。重点打造方面，4家省实验室均纳入省级新型研发机构序列，建设世界一流的科研平台，抢占全球科技创新制高点，以省级新型研发机构为核心，以地市级新型研发机构为群体，开展了系列工作，取得了较好成效。围绕产业链打造创新链、突出打造"三大科创高地"。36家省级新型研发机构中，属于"互联网＋"、生命健康、新材料等三大高地领域分别为15家、8家、8家，共31家，占比达86.1%，努力打造浙江省科创高地建设的创新策源地。

1.支持新型研发机构开展关键核心技术攻关

突出一流成果导向，支持新型研发机构围绕重大战略需求和"卡脖子"技术瓶颈开展关键核心技术攻关，以加快取得一批标志性原创成果。一是支持承接国家战略科研任务。支持之江实验室积极承担智能计算国家重大战略任务，研制"之江·南湖之光"智能超级计算机，实现超大规模量子随机电路实时模拟，打破谷歌宣称的量子霸权。支持中国科学院医学所承担"公共安全风险防控与应急技术装备"国家重点专项，自主开展ECMO（extracorporeal membrane oxygenation，体外膜肺氧合）等高端医疗设备研发。二是支持承担省重大科研攻关任务。通过择优委托方式支持中国科学院宁波材料所、浙江大学杭州国际科创中心等承担2022年度省"尖兵计划"，聚力突破直径150 mm碳化硅单晶衬底晶圆、高性能大尺寸复杂形状碳化硅陶瓷热交换部件等核心技术。三是支持主动谋划实施重大科研项目。支持湖畔实验室自主设立智能语音、机器视觉、决策智能等研究单元，开展产业化导向的科研攻关，视觉 AI（artificial intelligence，人工智能）核心技术应用于阿里云城市大脑，累计落地 47 个城市，服务"杭州大脑""郑州大脑""沙特国家大脑"等一批标杆项目。

2.支持新型研发机构吸引集聚高层次创新人才

突出一流人才导向，支持新型研发机构发挥集成创新平台优势，以平台聚人、项目育人、人才引人，通过全职聘用、双聘双挂、报备员额等多种形式，吸引集聚国内外高层次创新人才团队。截至 2020 年底，36家省级新型研发机构研究与试验发展人员共 8014 人，占全省新型研发机构研发人员的比重超过 70%，平均每家省级新型研发机构拥有研发人员 236 人，远超全省普通科研机构 143 人的平均水平。2022 年，省级新型研发机构共引进"鲲鹏行动"计划人才 8 人，累计达 29 人，约占全省的一半。累计集聚院士近 50 人、国家级高层次人才 40 余人、省领军型创新创业团队 15 个。甬江实验室注重以人才带人才，通过引进 1 名"鲲鹏行动"计划人才，带动一批海外科研骨干全职加盟，成立 1 年就从世界顶尖高校、科研机构、领军企业引进 14 支科研团队、22 名学术带头人和 100 余位科研骨干。温州依托新型研发机构累计引育合作 10 位院士，全年带动引进科技人才 691 人。

3.支持新型研发机构赋能产业高质量发展

突出双链融合导向，支持新型研发机构开展高质量成果转化应用，有力赋能产业转型提升和高质量发展。一是支持与企业共建联合实验室。北大信研院与杭钢萧构等 18 家行业龙头企业共建一批联合实验室，撬动企业投入研发经费超 1.4 亿元，解决企业"技术难、引人难"问题，成为推动萧山乃至杭州数字经济核心产业创新发展的新引擎。二是支持与社会资本联合设立成果转化基金。良渚实验室联合浙商创投成立杭州启真未来医学基金(首期规模 5 亿元,已投资 18 个项目),孵化培育跃真生物、领脑科技等 4 家高科技企业,获得启明创投、红杉资本中国等基金投资,融资总额超过 3 亿元,估值近 10 亿元,构建"生物学基础—关键技术研发—临床试验—产业化应用"的创新全链条,有力支撑生命健康产业发展。截至 2022 年 11 月 30 日,省级新型研发机构累计创办企业超过 250 家,孵化培育上市企业 6 家、高新技术企业 106 家,成果转化总收入累计超过 32 亿元。

对标国家优先布局的重点领域,围绕浙江省三大科创高地建设,聚焦云计算与未来网络、智能计算与人工智能、海洋与空天材料、双碳与环保技术、脑科学与脑机融合、精细化工与复合材料、生物育种与现代农业等 15 大战略领域,加强新型研发机构布局建设。一是聚焦双碳与环保技术领域建设白马湖实验室,聚焦海洋领域建设东海实验室,聚焦航空领域建设天目山实验室,聚焦生物育种与现代农业领域建设湘湖实验室,完成 10 大省实验室建设布局。二是重点聚焦元宇宙、前沿新材料、深海空天开发等未来产业领域,谋划布局新型研发机构。目前,省级新型研发机构已经实现三大科创高地和 15 大战略领域全覆盖,三大科创高地等重点领域的省级新型研发机构达 62 家,占比超过 90%。三是充分发挥地方政府主导作用,省、市、县联动协同推进。近年来,省委、省政府和各级地方政府引进和培育重大创新载体力度不断加大。省级层面,重点引进了北航杭州研究院、中国科学院医学所、天津大学浙江研究院等一批高能级新型研发机构;地市方面,精准对接产业集群建设高端科研机构,宁波市工业互联网研究院、西北工业大学宁波研究院等一批高水平新型研发机构为宁波产业转型升级提供了有效支撑。

4.支持推动新型研发机构规范发展提能升级

一是严格对照《浙江省人民政府办公厅关于加快建设高水平新型研发机构的若干意见》规定的建设条件,按照"创建制"要求,开展省级新型研发机构培育认定,严格准入标准、确保建设质量。二是开展省级新型研发机构动态监测,组织其对标建设标准条件开展年度自评检查。从自评情况看,68家省级新型研发机构均符合建设门槛要求。从投入、人员、设备等核心指标看,2021年,省级新型研发机构科研投入达78.98亿元,平均每家科研投入达1.2亿元;共集聚研发人员1.22万名,其中硕博士以上研发人员1.05万名,占比达86.15%;拥有省级以上创新平台217个,科研仪器设备6.5万余台套,仪器设备原值达55.5亿元。同时,根据自评检查结果,及时加强经验总结和督促指导,进一步提高建设实效,力争做精做强一批标杆型新型研发机构。三是抢抓国家实验室建设和国家重点实验室重组机遇,支持新型研发机构积极争取纳入国家实验室体系,打造国家战略科技力量。国家实验室实现零的突破,支持之江实验室、西湖实验室、浙大脑机交叉研究院积极争取挂牌国家实验室基地,浙江省政府分别报送了支持浦江、临港、昌平等国家实验室浙江基地建设的保障政策,国家实验室基地群有望初步形成。抢抓国家重点实验室撤并重组契机,积极争创全国重点实验室。依托良渚实验室组建的"脑机智能全国重点实验室"被正式纳入20家标杆全国重点实验室建设行列。

5.支持新型研发机构健全管理制度规范发展

一是强化分类政策支持。对侧重基础研究与应用基础研究的省实验室,加大省、市、县财政稳定支持力度。在省实验室5年建设期内,浙江省财政给予首年创建经费补助1亿元,第2年起根据实验室年度建设进度、年度自评、中期评估等情况给予最高不超过5亿元支持。省、区、市三级政府联动支持中国科学院医学所、国科大杭州高等研究院等重点引进建设的新型研发机构。对侧重共性技术研发的新型研发机构,强化科研项目支持,优先支持其申报各类国家科研项目,对成功获批国家重大科研项目的,按规定给予相应配套支持。支持其领衔承担"尖兵""领雁"等省重大科技攻关项目,累计支持省级新型研发机构承担省重点研发计划项目54项,支持经费2.6亿元。对侧重成果转化与产业孵化的新型研发机构,鼓励采取会员制、股份制、协议制、创投基金、产业基金等多种方式,吸引企业、高校、科研院所、金融与社会资本等共同投入,形成自我造血能力。支持新型研发机构自主发起设立成果转化子基金,省产业基金按照不超过子基金规模的30%比例给予重点支持。强化企业类新型研发机构税收优惠,2021年度,省级新型研发机构(不含宁波)享受研发费用加计扣除额2.4亿元,享受高新技术企业所得税减免600万元。

二是探索开展绩效评价。研究制定省级新型研发机构管理办法,根据不同功能定位,按照科学研究类、应用转化类构建分类评价指标体系。科学研究类新型研发机构侧重考核其标志性科研成果水平、承担战略科研任务的能力以及集聚国际顶尖人才团队情况等;应用转化类新型研发机构侧重考核其在市场化运行、科技成果转化、支撑产业发展等方面的绩效。根据初步测评结果,之江实验室、良渚实验室、西湖实验室、中国科学院医学所、国科大杭高院在科学研究类中排名前列,中国科学院宁波材料所、浙江清华长三院、浙大台州研究院、浙江清华柔电院在应用转化类中排名前列。

三是构建动态管理机制。在初步测评基础上,进一步完善评价指标体系,建立优胜劣汰、有序进出的动态管理机制。对评价优秀的新型研发机构,根据上年度非财政经费支持的研发经费支出给予适当奖励;

对绩效评价不合格的新型研发机构，限期整改或予以摘牌。

四是开展个性化指导和服务。浙江省政府与中国科学院签订共建中国科学院医学所合作协议，省科技厅研究制定专项支持政策，加快推动中国科学院医学所建设成为我省第二家中国科学院所属的中央事业法人单位。省发展改革委积极对接，争取国家部委支持西湖大学成功获批建设全国首家未来产业研究中心。省经信厅制订支持浙江大学杭州国际科创中心建设发展专项实施方案，重点在打造高能级创新平台、建设产业高地、开展改革创新试点等方面给予支持。省科技厅牵头组织相关省级部门成立联合调研组，赴新型研发机构开展实地调研与服务。依托"科技解难、创新制胜"助企纾困专项行动，为湖畔实验室、宁波工业互联网研究院等企业类新型研发机构宣讲《科技惠企政策十条》等政策包，强化"滴灌式"精准服务。

6.支持新型研发机构放权赋能激发创新活力

一是引导完善内部治理机制。明确支持新型研发机构探索理事会（董事会）决策、院所长（总经理）负责的现代化管理机制，构建需求导向、自主运行、独立核算、不定编制、不定级别的市场化运行方式，赋予创新团队和领军人才更大的人财物支配权和技术路线决策权。据统计，45家省级新型研发机构建立了理事会（董事会）管理制度，占比达66.2%。

二是推行科研项目经费"包干制"改革试点。在省杰出青年科学基金项目中实行经费使用"包干制"，赋予科研人员更大的经费管理自主权。2021年，支持西湖大学2个项目、中国科学院宁波材料所4个项目开展经费"负面清单＋包干制"试点，浙江省财政支持经费共480万元。2022年8月，《浙江省科学技术厅 浙江省自然科学基金会 浙江省财政厅关于深入推进浙江省自然科学基金"负面清单＋包干制"改革工作的通知》发布，进一步推行人才类和基础研究类科研项目经费"包干制"，并开展重大科技攻关项目"包干制"试点,同时探索扩大试点单位范围,遴选更多符合条件的新型研发机构开展试点。

三是开展职称自主评聘改革试点。省人力社保厅授予符合条件的新型研发机构职称自主评聘权,授予西湖大学所有职称系列自主评聘权,授予之江实验室、浙江清华长三角研究院、浙江大学杭州国际科创中心3家新型研发机构自然科学研究系列高级职称自主评聘权,授予浙江省特科院特种设备专业高级工程师职称社会化评价改革试点权限,由单位结合自身实际和发展需要,制定相应的评聘标准并自主开展评聘。

四是开展人才工程自主推荐认定试点。支持各类省重大人才计划工程向符合条件的新型研发机构单列申报指标。在省高层次人才青年拔尖人才遴选中,给予中国科学院宁波材料所、中国科学院医学所、之江实验室、西湖大学等单列申报指标,截至2022年11月30日,已有28名来自省级新型研发机构的青年人才入选省高层次人才青年拔尖人才。按照"谁用谁评"的原则,探索在高水平新型研发机构试点重点人才工程推荐认定制。

五是推进科教产深度融合。遴选省特科院、浙江清华长三角研究院、瓯江实验室、浙大衢州研究院4家省级新型研发机构开展科教融合培养产业创新人才试点,通过与高校共建科教融合学院,创新课程设置和学生培养机制,联合培养产业创新人才。截至2022年12月,通过新型研发机构与高校联合培养的方式共支持研究生指标480个,2022年新增联合培养指标160个;支持新型研发机构与国内高校院所共建博士后工作站,68家省级新型研发机构中,有50家设立了博士后工作站,累计招收博士后研究人员1307名,在站博士后1071名;西湖大学、之江实验室、中国科学院医学所3家新型研发机构获批博士后招收资格。

六是推进数字化改革引领的资源开放共享。充分发挥"科技大脑＋未来实验室"资源集聚交互、共享共建共用的生态优势，以 10 家省实验室作为新型研发机构试点"未来实验室"建设，支持引导新型研发机构开放共享创新资源，截至 2022 年 12 月，累计上架各类科研应用 235 个，累计使用达 4000 人次。良渚实验室"生物医学仪器共享服务平台"上架未来实验室应用，面向社会提供 108 台科研设备的共享服务，累计预约量 2200 多次，用户超过 200 人。

7.支持新型研发机构营造良好创新环境有序发展

一是开展理论研究。组织浙江省委党校、浙江大学、之江实验室等研究力量，对新型研发机构的兴起历程、功能定位、主要特征、管理运行机制等进行深入研究，总结中国科学院深圳先进技术研究院、江苏产业技术研究院等典型新型研发机构发展经验，结合我省产业发展实际需求，探索我省建设高水平新型研发机构的主要路径，为优化支持政策提供理论支撑。

二是强化多部门协同。在浙江省委科技强省建设领导小组的统筹协调下，进一步加强科技、财政、审计、监察、税务等部门的有效衔接，落实完成、转化职务科技成果的主要贡献人员获得奖励的份额不低于奖励总额的 70％、股权分红激励、所得税延期缴纳等政策举措，及时研究解决新型研发机构建设发展过程中的体制机制障碍，形成推进新型研发机构建设的合力。

三是加强法治保障。在开展《浙江省科学技术进步条例》修订过程中，增加对新型研发机构的专门章节，以法规形式进一步明确我省新型研发机构的目标定位、科学管理、规范保障等，推动新型研发机构依法有序发展。探索制定《之江实验室发展促进条例》，通过地方性立法明确重点建设新型研发机构的主体性质和法律地位，完善治理体系，规范管理运行体制,促进科技成果转化,健全考核评价机制和支持保障机制,进一步促进健康有序发展。

据统计,自首批新型研发机构认定以来,至 2022 年 12 月,省级新型研发机构共承担科研项目 3134 项,其中国家级项目 421 项,拥有有效专利数达 3812 项,平均每家省级新型研发机构承担科研项目 92 项、拥有有效专利 112 项,均远超浙江省科研机构平均水平。同时,标志性原创成果不断涌现。之江实验室取得了全球神经元规模最大的类脑计算机、具有完全自主知识产权的天枢人工智能开源平台、具备全球领先技术指标的太赫兹通信系统、大规模光交换芯片等一批重大科研进展和成果。良渚实验室绘制了世界首个人类细胞图谱和最完整的白血病细胞图谱,在国际上首次揭示 GPCR 异源二聚体信号转导的结构基础。西湖实验室首次解析新型冠状病毒细胞表面受体 ACE2(一种受体蛋白)的全长三维结构。北航杭州创新研究院牵头建设的超高灵敏极弱磁场和惯性测量装置已经纳入国家"十四五"规划布局。浙江大学衢州研究院研发的天然活性同系物的分子辨识分离新技术及应用获得 2018 年国家技术发明二等奖。中国科学院基础医学与肿瘤研究所牵头承担"公共安全风险防控与应急技术装备"国家重点专项,使浙江具备 ECMO 等高端医疗设备的研发制备能力。

三、实践案例

按照国家即浙江省关于新型研发机构建设发展的政策制度规定,为加快国家、省级新型研发机构培育、建设、发展,各地市在原有引进大院名校、产业技术研究院、校企研发中心等创新载体的基础上,按照新型研发机构的组建模式,纷纷开始了地方新型研发机构的建设发展步伐,地市级以及县、市、区一级的新型研发机构建设步入了快车道,涌现出了一批围绕地方产业发展,由地市政府与高校院所合作共建的新型研发机构,形成了一批典型案例。

1.湖州市:新型研发机构 43 家

截至 2021 年底,湖州市共有新型研发机构 43 家,具体清单如表 2-1 所示。

表 2-1　湖州市新型研发机构清单

序号	新型研发机构名称	市外共建单位(个人)名称	市内共建单位名称	所在区县
1	苏州大学湖州研究院	苏州大学	吴兴区人民政府	吴兴区
2	中国乌克兰金属新材(湖州)研究院	乌克兰国立金属学院,浙江鉴湖海外才智开发有限公司	吴兴区人民政府	吴兴区
3	浙江工业大学湖州数字经济研究院	浙江工业大学	吴兴区人民政府	吴兴区
4	浙江理工大学湖州研究院	浙江理工大学	吴兴区人民政府	吴兴区
5	浙江清柔可穿戴技术与智能纺织创新中心	钱塘科技创新中心	吴兴区人民政府	吴兴区
6	哈工大机器人湖州国际创新研究院	哈工大机器人集团股份有限公司	吴兴区人民政府	吴兴区
7	湖州智能游艇研究院	哈尔滨工程大学	湖州市人民政府	吴兴区
8	浙江高晟光热发电技术研究院	浙江中控太阳能技术有限公司	吴兴区人民政府	吴兴区
9	浙江大学—湖州智能驱动产业联合研究中心	浙江大学	南浔区人民政府	南浔区
10	德清县浙工大莫干山研究院	浙江工业大学	德清县人民政府	德清县

续表

序号	新型研发机构名称	市外共建单位（个人）名称	市内共建单位名称	所在区县
11	中科卫星应用德清研究院	中国科学院遥感与数字地球研究所	湖州莫干山高新区管委会	德清县
12	浙江大学人工智能研究所德清研究院	浙江大学	湖州莫干山高新区管委会	德清县
13	浙江省长三角生物医药产业技术研究园	长三角绿色制药协同创新中心（浙江工业大学）	湖州莫干山高新区管委会	德清县
14	中国科大—德清阿尔法创新研究院	中国科学技术大学先进技术研究院	德清县人民政府	德清县
15	浙江大学—德清先进技术与产业研究院	浙江大学	湖州莫干山高新区管委会	德清县
16	浙江省涡轮机械与推进系统研究院	浙江大学	湖州莫干山高新区管委会	德清县
17	浙江长兴中俄新能源材料技术研究院	俄罗斯圣彼得堡彼得大帝理工大学	长兴县人民政府	长兴县
18	同源康靶向抗肿瘤药创新中心	吴养洁院士	长兴经济开发区管委会	长兴县
19	杭州电子科技大学安吉智能制造技术研究院	杭州电子科技大学	安吉县人民政府	安吉县
20	安吉中德智能冷链物流技术研究院	浙江科技学院	安吉县人民政府	安吉县
21	中国科学院宁波材料所湖州新能源产业创新中心	中国科学院宁波材料所	湖州市人民政府	南太湖新区
22	中国科学院青岛光电院湖州光电技术产业创新中心	青岛市光电工程技术研究院	湖州市人民政府	南太湖新区
23	中国科学院上海技术物理所湖州中心	中国科学院上海技术物理所	湖州市人民政府	南太湖新区
24	湖州南太湖上海交通大学基础医学院生物医学创新中心	上海交通大学基础医学院	湖州开发区管委会	南太湖新区

续表

序号	新型研发机构名称	市外共建单位（个人）名称	市内共建单位名称	所在区县
25	湖州筑原中国科学院广州能源研究所循环经济产业创新中心	中国科学院广州能源研究所	南太湖新区管理委员会	南太湖新区
26	中国科学院上海硅酸盐研究所湖州先进材料产业化创新中心	中国科学院上海硅酸盐研究所	湖州市人民政府	南太湖新区
27	中国科学院成都生物所湖州生物资源利用与开发创新中心	中国科学院成都生物研究所	湖州市人民政府	南太湖新区
28	中国科学院上海生命科学研究院湖州工业生物中心	中国科学院上海生命科学研究院	湖州市人民政府	南太湖新区
29	中国科学院上海有机化学研究所湖州生物制造创新中心	中国科学院上海有机化学研究所	湖州市人民政府	南太湖新区
30	中国科学院过程工程所湖州产业创新中心	中国科学院过程工程研究所	湖州市人民政府	南太湖新区
31	中自湖州信息技术研究与产业化创新中心	中国科学院自动化所	湖州市人民政府	南太湖新区
32	湖州绿色智能制造产业技术研究院	浙江大学	湖州开发区管委会	南太湖新区
33	杭州电子科技大学先进汽车电子研发中心	杭州电子科技大学	湖州开发区管委会	南太湖新区
34	湖州市中科资源与环境工程研究中心	中国科学技术大学化学与材料科学学院	湖州开发区管委会	南太湖新区
35	湖州先进材料与储存器件研究院	浙江大学材料科学与工程学院	南太湖新区管理委员会	南太湖新区
36	中国计量大学湖州计量检测研究院	中国计量大学	南太湖新区管理委员会	南太湖新区
37	电子科技大学长三角研究院（湖州）	电子科技大学	湖州市人民政府	南太湖新区

续表

序号	新型研发机构名称	市外共建单位(个人)名称	市内共建单位名称	所在区县
38	浙江大学湖州研究院	浙江大学	湖州市人民政府	南太湖新区
39	中国科学院西北高原生物研究所湖州高原生物资源产业化创新中心	中国科学院西北高原生物研究所	湖州市人民政府	南太湖新区
40	中国科学院上海生命科学研究院湖州现代农业生物技术创新中心	中国科学院上海生命科学院	湖州市人民政府	南太湖新区
41	中国科学院上海生命科学研究院湖州营养与健康产业创新中心	中国科学院上海生命科学院	湖州市人民政府	南太湖新区
42	浙江工业大学膜分离与水处理协同创新中心湖州研究院	浙江工业大学	湖州市人民政府	南太湖新区
43	加拿大湖州普适人工智能大数据研究院	湖州普适人工智能大数据研究院	湖州经济技术开发区	南太湖新区

2.绍兴市:新型研发机构31家

截至 2021 年底,绍兴市共建设地市级新型研发机构 31 家,其中事业性质 12 家、企业性质 11 家、民办非机构 7 家、其他未定 1 家,汇总见表 2-2。

表 2-2　绍兴市引进共建研究院汇总表

序号	研究院名称	共建双方		成立时间	属地	单位性质
		市内	市外			
1	中国纺织科学研究院江南分院	绍兴市政府	中国纺织科学研究院	2005 年 7 月	越城	事业
2	上海大学绍兴研究院	绍兴市镜湖新区开发建设办公室	上海大学	2019 年 7 月	越城	事业

续表

序号	研究院名称	共建双方		成立时间	属地	单位性质
		市内	市外			
3	浙江工业大学绍兴研究院	越城区人民政府	浙江工业大学	2019年8月	越城	事业
4	江南大学绍兴研究院	越城区、滨海新区、柯桥区、黄酒集团	江南大学	2020年9月	越城	事业
5	浙江大学绍兴研究院（浙江大学绍兴微电子研究中心）	绍兴市人民政府	浙江大学	2020年11月	越城	事业
6	天津大学浙江国际创新设计与智造研究院	绍兴市人民政府	天津大学	2021年2月	越城	事业
7	浙江省现代纺织工业研究院	绍兴轻纺科技中心	浙江大学、浙江理工大学、东华大学等	2006年10月	柯桥	民办非
8	西安工程大学柯桥纺织产业创新研究院	柯桥区政府	西安工程大学	2018年10月	柯桥	民办非
9	东华大学绍兴研究院	柯桥区人民政府	东华大学	2019年9月	柯桥	民办非
10	西安理工大学柯桥研究院	柯桥区人民政府	西安理工大学	2020年4月	柯桥	民办非
11	浙江理工大学绍兴柯桥研究院	柯桥区人民政府	浙江理工大学	2020年10月	柯桥	企业
12	中科大新材料产业研究院	柯桥区人民政府	中科大合肥微尺度物质科学国家研究中心	2020年9月	柯桥	事业
13	浙江理工大学上虞工业技术研究院	上虞区政府	浙江理工大学	2016年8月	上虞	企业
14	浙江工业大学上虞研究院	上虞区政府	浙江工业大学	2014年7月	上虞	企业

续表

序号	研究院名称	共建双方		成立时间	属地	单位性质
		市内	市外			
15	绍兴上虞复旦协创绿色照明研究院	上虞区政府	复旦大学	2015 年 7 月	上虞	企业
16	杭州电子科技大学上虞科学与工程研究院	上虞区政府	杭州电子科技大学	2018 年 7 月	上虞	企业
17	中国计量大学上虞高等研究院	上虞区政府	中国计量大学	2018 年 7 月	上虞	企业
18	南华大学上虞高等研究院	上虞区政府	南华大学	2018 年 7 月	上虞	企业
19	武汉理工绍兴高等研究院	绍兴市政府	武汉理工大学	2018 年 10 月	上虞	民办非
20	天津大学浙江绍兴研究院	绍兴市政府	天津大学	2019 年 10 月	上虞	事业
21	中国科学院新材料产业技术创新研究院	杭州湾上虞经济技术开发区	中国科学院新材料技术有限公司	2019 年 11 月	上虞	企业
22	温州医科大学诸暨生物医药研究院	诸暨市政府	温州医科大学药学院	2017 年 12 月	诸暨	事业
23	南华大学长三角（诸暨）研究院	诸暨市人民政府	南华大学	2019 年 1 月	诸暨	事业
24	浙江长三角路空一体研究院	诸暨市人民政府	交通运输部科学研究院、中国电子科学研究院、中国交通运输协会、浙江省机器人协会	2020 年 8 月	诸暨	民办非
25	浙江省新时代"枫桥经验"研究院	诸暨市人民政府	浙江大学	2020 年 11 月	诸暨	事业
26	嵊州市浙江工业大学创新研究院	嵊州市人民政府	浙江工业大学	2019 年 7 月	嵊州	民办非

续表

序号	研究院名称	共建双方		成立时间	属地	单位性质
		市内	市外			
27	浙江理工大学新昌技术创新研究院	新昌县政府	浙江理工大学	2015年11月	新昌县	企业
28	浙江工业大学新昌研究院	新昌县政府	浙江工业大学	2018年4月	新昌县	民办非
29	中国计量大学新昌企业创新研究院	新昌县政府	中国计量大学	2018年12月	新昌县	企业
30	中国科学院浙江数字内容研究院	绍兴市政府、省科技厅	中国科学院自动化所	2014年4月	滨海	事业
31	浙江理工大学绍兴生物医药研究院	滨海新城管委会	浙江理工大学	2019年11月	滨海	企业

3.德清县:发展研究院经济助力科技成果转移转化

近年来,德清县积极探索构建"一体四翼"的研究院经济新"德清模式",依托产业技术研究院和企业研究院,突出"以院强研、以院引智、以院孵企、以院兴产"四方面功能,推动科技成果转移转化。

(1)以院强研,持续深化"产学研用"合作。发挥研究院技术研发的主引擎作用,助推全县R&D投入占比达到3.34%,位列湖州市第一,浙江省县域第二。一是加快推进高能级平台建设。聚焦科技创新需求,依托研究院集聚整合各类优质科研资源,建设实验室、研发中心等新型研发机构,不断提升自主创新能力和产业核心竞争力。目前,依托中科卫星应用研究院和省涡轮院,已成功创建浙江省微波目标特性测量与遥感、浙江省无人机技术2个省级重点实验室,涡轮院2020年获批首批省新型研发机构(全市仅2个)。德华、欧诗漫、华莹、泰普森等4家列入省级重点企业研究院体系,我武、鼎力等2家列入省级企业研究院体系。二是开展关键核心技术攻关。面向国家重大需求点,面对行业共性痛点和企业技术难点，发挥各研究院所长，开展技术攻关。如省涡轮院聚焦"两机"专项，获得燃烧和结构相关重大基础研究项目 2 项，实现全省零的突破。中科卫星应用研究院承担国家重点研发计划科技冬奥专项"雪上项目场地环境要素影响评估与临场决策辅助支持系统"项目，国家民用空间基础设施"十三五"陆地观测卫星地面系统建设项目等共计 22 项。浙大先研院联合阿里巴巴达摩院、国遥等共同开发的"空天大数据共享与智慧服务平台"项目，成功入选 2021 省重点研发计划择优委托项目，成为首个省择优委托项目。知路导航研究院自主研发的室内高精度音频定位技术已经突破消费级智能终端室内高精度定位"卡脖子"关键技术，首款基于 RISC－Ⅴ 架构的室内高精度音频定位芯片 Kepler A100 面向全球正式发布，实现了音频定位芯片"中国造"，开创性地提供了室内高精度定位的中国方案。三是助力企业创新能力提升。积极搭建院企交流对接平台，让研究院走进企业，让企业了解研究院，为企业提供科研仪器设备共享和产品研发服务，有效提升企业科研攻关能力。目前，研究院已与企业共建"1＋N"联合创新中心 5 家，走访服务企业 200 多家次，解决技术需求 30 余个。

（2）以院引智，聚力引育"高精尖缺"人才。一是研究院成为引育高端顶尖人才的主平台。通过"以才荐才""以才引才"等引才模式，实施国家和浙江省"引才计划""高层次人才计划"等高端人才引育工程，积极引进国内外顶尖人才，努力把研究院打造成为高端人才集聚的"蓄水池"。2020 年长三角生物医药产业技术研究园获批国家级引才引智基地。截至 2022 年 12 月，研究院平台培育入选"国家级引才计划"人才 16 名、浙江"省级引才计划"人才 21 名。我武、鼎力等企业负责人入选"国家高层次人才计划"。二是研究院成为人才创新创业的主阵地。通过实施"南太湖精英计划"，组建领军型创新创业人才团队，加快推动科技成果落地产业化。如涡轮院组建由英国皇家工程院院士、国际宇航科学院院士领衔的领军型创新团队，研发空天组合动力及航空发动机系统，填补了国内液体动力发动机应用空白。截至 2022 年 12 月，研究院累计引进领军型创新创业人才团队 15 个。三是研究院成为开展科研攻关的主力军。发挥研究院承接人才的平台优势，为人才提供科研支撑保障，在县域形成了一支涵盖多学科、技术力量精湛的科研人才队伍。截至 2022 年 12 月，德清县研究生以上高层次人才主要集聚在研究院，如我武研究院有专职研发人员 60 余人，其中硕士研究生 44 人、博士研究生 5 人；华莹电子研究院有专职研发人员 56 人，其中硕士研究生 20 人、博士研究生 5 人。

（3）以院孵企，加快孵化科创型企业。一是招引科创企业项目。依托研究院及高校院所校友资源，大力引育产业化项目落地，截至 2022 年 12 月，累计引进孵化各类科技型企业 96 家。如长三角生物医药产业技术研究园已引育孵化企业 30 余家，其中申报入选湖州市"南太湖精英计划"创业团队 12 个，年新增产值近亿元。二是搭建创业孵化平台。利用研究院人才、项目、设备等资源优势，积极导入高校院所的创新创业人才，通过研究院专业化众创孵化平台加速项目孵化。涡轮院孵化企业浙江海骆航空科技有限公司成功开发大功率高速加载转子低循环疲劳试验器、涡轮叶片高温疲劳试验器等设备，成立 9 个月产值突破 2000 万元，成为德清县首家研究院培育的规上企业；截至 2022 年 12 月，中航通飞、中科卫星等研究院分别设立启航创业工坊、空天云创等众创空间 4 家，入驻创新创业团队及企业近 50 家，创客 260 余人。三是加速科技成果转化产业化。发挥企业研究院创新内核作用，开展核心技术攻关，加快成果产业化，提升产品技术含量，增强企业的产业链话语权。如我武生物研究院致力于创新药物研发，多年来深耕脱敏领域,第一个新药产品粉尘螨滴剂在国内市场的占有率达到 80%,2023 年全球首款黄花蒿粉舌下滴剂通过药品 GMP 符合性检查,可正式投产并上市销售。

(4)以院兴产,打造产业创新"最强大脑"。一是围绕产业链布局创新链。聚焦产业价值链高端环节,围绕"3+3"产业体系布局,引进产业技术研究院,促进产业高质量发展。如围绕生物医药领域,引进长三角生物医药产业技术研究园、培育我武生物研究院等;围绕新材料领域,引进清华新材料学院、培育泰普森、物产中大、德华等研究院;围绕装备制造领域,引进同济中车、培育鼎力机械等研究院;围绕地理信息领域,引进中科卫星应用研究院、室内混合定位研究院等;围绕通用航空领域,引进涡轮院、中航通飞研究院;围绕人工智能领域,引进浙大人工智能、中科大阿尔法等研究院。二是赋能产业加快发展。依托研究院整合优势资源,构建"立项—研发—投产"的应用链,推动企业、产业向创新链上游攀升,真正促进产业的高质量发展。如鼎力研究院多年来深耕于智能高空作业平台研发,致力于成为全球高空作业平台制造龙头企业,2020 年成功研发业内首创的模块化大载重臂式系列产品,实现产值 29.6 亿元,纳税 1.26 亿元。同时,发挥高校院所主导型研究院的专家智库优势,为产业政策、发展规划、项目评审等提供智力支撑。三是积极导入行业资源。围绕地理信息、通用航空、人工智能等新兴产业,发挥研究院优势,导入创新联盟、龙头企业、高端论坛等资源,为新兴产业的发展提供创新引领、营造发展氛围。浙大人工智能研究院采取"线上+线下"结合模式,举办第三届全国高校科技人才与科技莫干山论坛、中国工程院信息与电子工程领域颠覆性技术高端论坛暨青年先锋论坛等活动 13 场,邀请人工智能领域专家学者 1127 人次,其中两院院士参加 13 人次,为德清县国家人工智能创新发展试验区建设创造条件、形成氛围。

4.清华长三角研究院：打造高校院所落子地方、实现校地双赢的浙江样板间

浙江清华长三角研究院以建设浙江省国家科技成果转移转化示范院所为契机，始终坚持以习近平新时代中国特色社会主义思想为指导，以习近平总书记重要指示批示精神为根本遵循，认真贯彻落实党的十九大精神和省校战略合作精神，高水平建设具有先进水平的新型创新载体，高质量服务长三角一体化发展，着力推进落实省校战略合作事项，尤其是 2017 年入选浙江省国家科技成果转移转化示范院所以来，在推进科技创新、成果转化、服务区域创新发展等各项工作中取得了积极成效。

一是以重大项目为牵引，构建高水平人才团队，促进成果转移转化。重大重点项目是研究院发挥高水平人才团队作用，凸显清华大学高水平科学研究领域基础研发能力和成果转化能力的综合载体。2017—2020 年，研究院在生态环境方面获得国家重点项目两项，在农村生活污水治理领域形成自主研发水质在线监测设备 4 套，申请发明专利 34 项，其中 2 项为 PCT（patent cooperation treaty，专利合作条约）专利，发表论文 20 余篇，团队累计承担地方政府项目 120 余项，金额达 8000 多万，有力地推动嘉兴市地表水水质的不断改善，支撑了嘉兴市的生态文明示范市创建。在食品安全方面，2017—2020 年，研究院累计获得国家重点研发计划专项、政府间国际科技创新合作专项、国家自然科学基金等国家级科研项目资助 11 项，产出了多项技术成果，并应用于食品安全的实际保障和监管中，应用范围涉及 50 多个县市；研究院研发的食品安全风险分级评价系统，为地方基层食品安全监管提供了信息化手段，为区域或行业性食品安全的风险预警提供了支持。

二是持续深化"一院一园一基金"的成果转化模式,加快形成一批标志性成果。研究院坚持按照"团队式引进人才,捆绑式开发项目,股份制深化产学研合作"的指示要求,不断探索深化体制机制改革,面向重大科技成果产业化,探索推进"一院一园一基金"模式。在学校和地方的支持下,进一步理顺专业院"三重一大"管理,打通"学校—地方""学术—产业"成果转化渠道。截至2020年,浙江清华柔性电子技术研究院,获得国家级项目18项、浙江省省级17项,牵头成立了浙江省柔性电子制造业创新中心、柔性电子浙江省工程研究中心,被认定为"浙江省新型研发机构",申报专利528项,并在全省制造业高质量发展大会上获得先进单位授牌表彰,自主研发的两款柔性芯片获科技日报头条点赞。研究院在国家自然科学基金委员会资助下持续推进"多维多尺度高分辨计算摄像仪器"产业化,正积极推进与世纪互联、启迪网联等共建"视频+5G"协同创新中心。新设立的区块链技术研究院已通过运用区块链技术为人才认定、农业供应链金融等提供技术支持。自主设计的"人才e点通"App有效实现人才秒认定、政策秒申报,已作为浙江省人才服务平台2.0技术方案在"浙里办"上线。基于区块链技术的农业供应链金融平台项目获得首届"青鸿鹄"长三角数字经济创业创新大赛第三名。2020年3月,研究院推动清华大学与嘉兴市正式签署航空发动机领域的合作框架协议,成立航空发动机研究院嘉兴分院,致力于打造国家级新一代航空发动机关键技术创新高地。2020年7月,研究院与中标院、嘉兴市签约共建中国标准化研究院首家京外分院——中国标准化研究院长三角分院,并依托智能交通与车辆研究中心,与国家市场监督管理总局缺陷产品管理中心、国家计算机网络与信息安全管理中心共建"长三角车联网安全国家工程研究中心",着力推进智能网联汽车OTA(over-the-air,汽车远程升级技术)大数据云平台、汽车安全大会、长三角标准科技展馆等首批项目落地。与清华大学航天航空学院共建的航空通用技术研究所，自主研制鸿鹄翼 A 型无人机于 2020 年 10 月首次试飞成功，在引导本土制造业资源整合、推动产业链迈向中高端方面发挥了积极作用。

三是加速构造全方位多层次人才服务矩阵，合力构建人才成长最优生态。经过多年常态化、高质量地开展海外引才活动，研究院已形成了"海外学子浙江行""青年才俊浙江行""卓越人才计划""青年科学家引进计划""海纳英才支持计划"等引智品牌，全方位、多层次的人才引、育、留、用工作生态链辐射联动能力进一步增强。2020 年，为应对海内外严峻复杂的经济社会形势，研究院坚定地、高标准地办好"海外学子浙江行"活动，通过第三方、市场化的方式帮助政府继续开拓海外科技、人才和项目资源，2020 年新增西雅图孵化器、东京中心、柏林中心 3 个离岸孵化器，举办海外项目推介会 30 余场。十二届"海外学子浙江行"吸引了来自美国、英国、德国、日本、澳大利亚、加拿大等 17 个国家和地区的 130 余名海外学子到会，并通过"线上＋线下"相结合的方式在全球同步开展，吸引了清华校友会、哈佛学联、旅美科协等 68 家知名机构、协会参加线上会议，累计约 21.87 万观众在线收看，让海外学子更加了解浙江产业发展现状、创新创业渠道以及优质的营商环境和服务理念，极大地拓展了活动的广度和深度。研究院联合嘉兴市政府打造长三角全球科创路演中心，通过线上和线下实时互动的路演平台，快速叠加长三角地区科创、产业、投融资等创新要素，打开"硬科技"项目集聚转化通道。2020 年，共吸引来自美国、英国、德国、日本等国家和地区的 2150 个科创项目参与路演，项目整体落地签约率近 30％，带动有效投资超 500 亿元。尤其在新冠疫情期间，举办云招聘、云路演、在线培训和论坛 40 余场，吸引了 1170 余个科创项目、50 余家海外孵化机构、470 余家投融资机构及众多海内外高层次人才、企业家代表参加。与安徽六安合作的"海外学子科创项目云路演"项目成功入选人力资源和社会保障部"海外赤子服务项目"。

四是全面实施"深根计划",推动区域合作再上新台阶。为了更好地融入区域创新体系,研究院和嘉兴市共同研究提出了《"深根院地合作建设创新嘉兴"行动计划》(简称深根计划),构建科研院所赋能全域创新的新格局。2020 年以来,研究院积极对接嘉兴各县(市、区),瞄准其 1～2 个重点和优势产业方向,以共建重大科创平台为基础,聚焦科技、人才、产业、平台等重点方向,根据需求、凝聚优势、个性化定制合作方案,推进"1＋N"的科创战略合作。与嘉兴经济开发区率先签约,共建食品与健康研究所,打造有特色、有影响力的国内一流食品科技研究中心;与桐乡市合作共建乌镇实验室,推进无铅压电陶瓷等新材料技术产业化,加快标志性特色产业链构建。

五是深度参与长三角一体化发展,高质量服务区域创新体系建设。研究院科技服务体系开始向长三角区域辐射。布设运营"科学家在线""专家查查""一亿中流上市加速器""水木茶社"等跨区域的科技服务和孵化平台,年对接企业技术咨询和需求过万项。发起成立长三角产业创新智库联盟并组建智库型研发中心 10 余个,为长三角通航产业一体化、G60 科创走廊建设等工作提供积极的智力支撑。如,浙江省通用航空发展研究中心为萧山机场提出的技术方案被采纳,萧山机场总流量预计可提升 28％,有望从全国排名第 10 名升至前 5。在 2019 年 6 月召开的浙江省推进长三角一体化发展大会上,研究院的长三角科创与经济融合研究中心、沪嘉杭 G60 科创走廊协同创新发展研究中心入选浙江省推进长三角一体化发展智库支持单位。

通过新型研发机构建设,2017—2020 年,研究院新建有国家级和省级研发平台 4 个（累计 9 个）；新获批国家级科技企业孵化器、国际科技合作基地、海外人才离岸创新创业基地等在内的国家级和省级创业孵化平台 14 个（累计 19 个）；新引进和培育国内外院士、国家级、省级引才计划等顶尖人才 134 人，落户研究院 71 人（累计 200 余人）；新孵化培育科技企业近 2000 家（累计约 2500 家），上市或被上市公司并购 30 余家（累计 35 家），总投资过亿产业化项目近 100 项。

5.东南数字经济发展研究院:围绕数字经济做好地方文章

东南数字经济发展研究院成立于 2018 年 11 月 28 日,是由市国资委、衢州学院共同出资设立的事业单位。研究院以产业数字化、推广应用、平台建设为主,贴紧中心、紧靠杭州、拉紧阿里,是市委、市政府大力推动数字经济"一号工程"的"一号院",是提升衢州数字经济创新水平、数字技术融合应用、数字经济核心产业持续壮大、数字经济人才加速集聚的重要平台。

研究院全面构建"11N11"组织架构,包括:(1)1 个联合实验室,与阿里巴巴共建新一代人工智能创新联合实验室,聚焦未来社区研究,发布全球首个未来社区建设标准白皮书;(2)1 个专家委员会,集聚了潘云鹤、毛光烈、南存辉、华先胜等 34 位国内外数字经济领域的顶尖专家和知名企业家,为衢州数字经济发展提供最强大脑和高端智库;(3)N 个研究中心,围绕数字经济重点领域,成功引进大数据安全处理技术、移动大数据、数字空间技术、数字权益保护、健康大数据、传感器智能制造等 6 个研发中心、18 个项目团队;(4)1 个产业联盟,吸引了市内外 348 家数字经济企业,举办交流培训 100 多场次,培训 6000 多人次,创造了浓厚的数字经济发展氛围;(5)组建 1 个产业基金,10 亿元规模的数字经济产业基金为科研成果转化注入了充足的"资金活水"。同时,坚持"一县一品""一院一特色",先后成立县(市、区)分院以及杭州海创园、北京中关村等飞地分院和浙江华友钴业企业分院。

截至 2022 年 12 月,研究院共引聚数字经济高层次人才 217 人(博士 45 名、硕士 164 名、本科 7 名);已累计自主引进数字经济高层次人才 85 名(博士 20 名、硕士 65 名),其中,国家杰出青年科学基金获得者 1 人、入选"新世纪百千万人才工程"国家级人选 1 人;孵化 6 家产业化公司,先后为市内外企业提供科研、技术服务 1600 多家次,谋划实施数字经济项目 58 个,总金额达 2663 万元。自 2018 年成立至 2022 年 12 月,研究院着力推进技术攻关、成果转化,申请知识产权及承接国家、省级、市级科技项目共 96 项,争取到省级产业创新服务综合体等科研项目经费共 2665 万元。研究院成功获批浙江省大众创业万众创新示范基地,牵头创建省级数字经济产业创新服务综合体,建成省新型研发机构等高能级平台,入选工信部工业互联网试点示范项目,成为衢州发展数字经济的先锋队。

6.浙江大学衢州研究院:发挥高校地方双层优势

2018 年,衢州市政府与浙江大学就合作共建浙江大学工程师学院衢州分院和浙江大学衢州研究院(简称浙大衢州两院)达成了高度默契,于 2018 年 5 月 30 日在浙江省山海协作推进会上正式签约。通过市校合作共建、打造高能级创新平台,使产业特点与科研优势互利互补,推动了衢州市的科技创新和社会经济发展,加强科技自立自强,服务构建新发展格局。

一是自顶向下,全力推进创新平台建设。高质量的市校合作是贯彻"八八战略"和"浙江精神"的重要举措,是浙江省山海协作升级版的生动实践,是推动人才强省、创新发展战略重重落地的具体体现。在双方十余年友好合作的基础上,衢州市委、市政府自 2016 年 5 月开始与浙江大学深入对接市校合作项目,经过市校领导两年中多次考察互访和深入商讨,最终促成合作共建浙大衢州两院。浙大衢州两院一期建设投资约22亿元,小试实验室和过渡用房"求是楼"已建成使用,中试实验实训基地项目已于2023年9月完工,新院区也已投入使用,一期建设圆满完成,二期发展规划(2021—2025)也即将顺利收官。

二是优势互补,打通科技成果转化路径。依托浙大化工学科创新资源和衢州国家高新园区产业配套基础,着力构建强强联合和多学科交叉的科研合作机制,紧扣联合攻关和成果转化两大重点,破解传统产业发展难点痛点,实现产学研相关资源的互利共赢,助力打通从产品研发、小试、中试、扩试到最终实现研发成果产业化的路径。2019—2021年,浙大衢州两院实施科研项目60项、合同金额3400余万元(其中企业横向项目13项、合同金额1400余万元)。在衢州落地转化的等离子体技术产业化项目即将进入实质性中试,正式投产后将推动衢州市锂电池新材料产业链发展。同时,浙大衢州两院联合巨化集团公司等组建信安实验室,并争创省实验室。

三是筑巢引风,聚集创新学术人才队伍。浙大衢州两院积极开展人才引进计划,加快扩充顶尖人才队伍,建立健全人才发展机制,创造巩固良好人才生态。截至2021年底,共引进浙江大学入驻科研团队教师47人,含中国工程院院士1人、国家级人才12人,海外引进3人;2021年共入职科研人员20人(博士)。2019—2024年,共申请发明专利60项,发表论文逾百篇;获优秀青年基金资助2人,获浙江省杰出青年基金项目资助3人,获中国化工学会"侯德榜化工科学技术青年奖"3人。截至2022年12月共有在读研究生62名,非全日制定向工程博士研究生2名,2021年录取全日制非定向工程硕士研究生35名,通过产教融合进一步培养掌握坚实基础理论和宽广专业知识、胜任技术研发和管理工作的高水平工程应用复合型人才。

　　浙大衢州两院是浙江省在新材料高地建设中市校优势资源互补、加快科技成果转化的一次成功探索,对推动衢州市经济发展、融入杭州大湾区都市圈和长三角一体化发展都将产生重要而深远的影响。市校双方有信心将浙大衢州两院建设成全国领先的产学研融合发展创新产业平台,打造衢州市"美丽＋智慧"发展的新模式和服务构建新发展格局的新样板。

第三章　智能化技术助力科技人才评价

第一节　人才评价相关智能化技术概述

一、智能化定义及其特征

智能化是指在计算机网络、大数据、物联网和人工智能等技术的支持下，利用先进技术和算法，使设备、系统或产品具备智能化的功能，完成复杂任务、自主学习和适应环境的能力。从感觉到记忆再到思维的这一过程被称为"智慧"，智慧的结果产生了行为和语言，行为和语言的表达过程被称为"能力"，两者合称为"智能"。智能化的关键在于使机器能够感知环境、学习、决策和执行任务，以实现更高效、更智能的解决方案。

智能化与数字化、自动化、信息化密切相关，又各有侧重反映了不同技术在实现不同目标上的特点。智能化与人工智能和机器学习等相关，强调机器的智能行为和能力。而数字化是把实体世界中的对象、过程和信息转化为数字形式，实现信息的存储、处理和交互，侧重于信息的数字表示和数字工具的应用；自动化是利用技术手段使系统或过程自动完成操作和任务,提高生产效率和降低错误率,主要集中在机械、电子、控制等方面;信息化是在业务流程和管理方式上通过应用信息技术实现信息的高效流动和共享,以提高组织的竞争力和决策效率,侧重于信息的使用和管理。

二、主要智能化技术简介

智能化技术,即智能化过程中所依赖的技术基础,当下智能化技术的"王冠"是人工智能技术,其核心技术基本代表了当前智能化技术的主流方向。

1.机器学习(machine learning)

机器学习是一种通过算法和统计模型,利用大量数据进行模型训练,发现和利用数据之间的模式和关联以进行预测和决策的技术领域。机器学习在图像识别领域取得了重要应用成果,如人脸识别、物体检测、图像分类等。在自然语言处理领域也得到广泛应用,如情感分析、语义理解、机器翻译等。

2.深度学习(deep learning)

深度学习是机器学习的一个分支,它基于人工神经网络模型,模拟人类大脑的神经结构和功能,实现对复杂模式和高级功能的学习和推理,适用于处理大规模数据和复杂任务。深度学习在计算机视觉领域取得了显著成果。例如,利用卷积神经网络(convolutional neural network,CNN)可以实现高精度的图像分类、目标检测、图像分割等任务。在自然语言处理领域,循环神经网络(recurrent neural network,RNN)和长短时记忆网络(long short term memory,LSTM)等模型在语义理解、机器翻译等任务上表现优异。

3.自然语言处理（natural language processing，NLP）

自然语言处理是一门研究如何让计算机理解、处理和生成人类语言的技术领域，包括语音识别、文本分析、语义理解、机器翻译等多个任务，并结合机器学习和语言模型等技术，使计算机能够与人类进行自然语言交互。自然语言处理技术在智能客服系统、机器翻译、情感分析、文本分类等领域有着广泛的应用。

4.计算机视觉（computer vision）

计算机视觉是研究如何使计算机感知和理解图像和视频信息的技术领域。其涉及图像处理、模式识别、图像分析等技术，通过提取图像中的特征和模式，实现图像分类、目标检测、图像分割等任务。计算机视觉应用于包括人脸识别、目标检测、图像分割、场景理解等，在犯罪侦查、身份验证等领域有重要应用，目标检测和图像分割技术可以帮助自动驾驶车辆识别交通标志和障碍物，进而做出反应。

5.强化学习（reinforcement learning）

强化学习是通过智能体（agent）与环境的交互学习，并通过试错来寻求最优解决方案的方法。其核心是借助价值函数学习一个决策策略，对决策选择进行评估，通过不断优化价值函数，使智能体在面对不同情况时做出最优决策。强化学习应用于智能机器人、自动驾驶、游戏策略等领域。以 AlphaGo 为例，它使用强化学习技术击败了人类围棋冠军，引起了广泛的关注。

6.生成式人工智能（generative artificial intelligence）

生成式人工智能是一种人工智能技术，旨在模拟人类创造性思维，通过生成新的内容或创作，而不仅仅是在已有数据上进行学习和预测。相对于其他人工智能技术，生成式人工智能更加注重创造性和创新性。生成式人工智能常用于文本生成、图像生成和音乐生成等领域。截至目前，生成式人工智能的技术发展大致经历了几个阶段：

第一阶段主要是基于规则的生成。最初的生成式人工智能主要基于规则，并利用人工设计的规则和模板来生成内容。这些规则涵盖了语法、结构和语义等方面，但缺乏灵活性和创造性。

第二阶段主要是统计生成。随着大规模数据的积累，基于统计模型的生成式方法逐渐崭露头角。这种方法通过分析大量的训练数据，学习概率分布和模式，从而生成内容。典型的模型包括 n-gram 模型和隐马尔可夫模型。这种方法在文本生成领域取得了一定的成功，但输出结果仍然受限于训练数据的质量和覆盖范围。

第三阶段主要是基于神经网络的生成。随着深度学习算法的兴起，基于神经网络的生成式方法取得了重大突破。RNN 和 LSTM 被广泛应用于序列生成任务，如语言模型和机器翻译。这些深度学习模型能够学习序列数据中的长期依赖关系和语义信息，生成更加连贯和准确的内容。

第四阶段主要是对抗生成网络。随着技术的发展，生成对抗网络（generative adversarial network，GAN）成为生成式人工智能的关键技术。GAN 由生成器和判别器组成，通过对抗训练的方式相互学习和优化。生成器尝试生成逼真的样本，而判别器则努力区分真实样本和生成样本。GAN 在图像、文本和音频等领域取得了显著成果。

第五阶段主要是强化生成。强化生成结合了强化学习和生成式方法，对生成过程进行引导和优化。强化生成模型通过与环境的交互学习，根据环境的反馈信号不断调整生成策略，以优化生成结果。这种方法能够克服传统生成方法中缺乏多样性和难以控制生成过程的问题，为生成式人工智能带来更加灵活和个性化的能力。

7.人脸识别

人脸识别（human face recognition），是基于人的脸部特征信息进行身份识别的一种生物识别技术。用摄像机或摄像头采集含有人脸的图像或视频流，并自动在图像中检测和跟踪人脸，进而对检测到的人脸进行识别的一系列相关技术，通常也叫作人像识别、面部识别。同时，它也是一种依据人的面部特征（如统计或几何特征等），自动进行身份识别的一种生物识别技术，又称为面相识别、人像识别、相貌识别、面孔识别、面部识别等。

具体而言，人脸识别利用摄像机或摄像头采集含有人脸的图像或视频流，并自动在图像中检测和跟踪人脸，进而对检测到的人脸图像进行一系列相关应用操作。技术上包括图像采集、特征定位、身份的确认和查找等等。简单来说，就是从照片中提取人脸中的特征，比如眉毛高度、嘴角等等，再通过特征的对比输出结果。广义的人脸识别包括人脸图像采集、人脸定位、人脸识别、身份确认以及身份查找等，而狭义的人脸识别特指通过人脸进行身份确认或者身份查找的技术。

人脸识别技术的主要流程包括图像采集和预处理、特征提取和比对。其中，图像采集和预处理阶段主要包括对人脸图像的采集、预处理和标准化等；特征提取阶段主要是将人脸图像转化为数字化的特征向量，其中包括主成分分析（principal component analysis，PCA）、线性判别分析（linear discriminant analysis，LDA）、局部二值模式（local binary patterns，LBP）等；比对阶段则主要是对人脸特征向量进行比对，判断是否匹配。

8.情绪识别

情绪识别（emotion recognition）原本是指个体对于他人情绪的识别，现多指 AI 通过获取个体的生理或非生理信号对个体的情绪状态进行自动辨别，是情感计算的重要组成部分。情绪识别研究的内容包括面部表情、语音、心率、行为、文本和生理信号识别等方面,通过以上内容来判断用户的情绪状态。

情绪识别技术结合了一系列硬件和软件,这些软硬件都被用于检测表现出的人类情绪,并将其转换为数据。这些数据可以由计算机分析并得出结论。如微笑的情况下,为了解码人类情感增加新的层次,可以通过面部表情分析(摄像头和专用软件)、面部肌电图、心电图和皮肤电活动来识别情绪。

具体至人脸情绪识别的应用上,其原理是基于人脸表情的特征进行提取和分类。在计算机中,人脸图像通常以数字矩阵的形式存储。通过分析像素点的亮度、颜色等特征,可以提取出人脸表情的特征向量,通常包括眼睛、嘴巴、眉毛等部位的位置、形状、大小等信息。在特征提取的基础上,需要对这些特征向量进行分类。常见的分类算法包括支持向量机、神经网络等。这些算法可以通过学习一定数量的已知情绪标签的训练样本,来建立情绪分类模型。对于新的人脸图像,该模型可以自动判断其情绪状态,并输出相应的情绪标签。

9.眼动技术

眼动技术(eye movement technique)是一种可以记录和分析眼球运动轨迹的技术,可以用于研究人类视觉行为、认知和决策过程。此技术通过测量眼睛的注视点位置或者眼球相对头部的运动,实现对眼球运动的追踪,了解人们在观看视觉刺激时的注意力分配和信息处理方式,进而提供视觉行为的定量数据。眼动技术可以通过各种设备实现,例如头戴式眼动仪等。目前,眼动技术在许多领域已有应用,如医学、心理学、人机交互、广告和市场营销等。它可以帮助研究人员更好地了解人类视觉行为和认知过程,同时也可以帮助企业更好地了解客户的需求和反应,从而改善产品和服务。

10.面试机器人

AI面试是一种通过人工智能技术模拟面试官与候选人之间的互动过程，对候选人的能力、性格等进行评估和打分的一种面试方式。"AI面试官"的学习方式为，收集大量的候选人样本数据，并人工标注打分，而后将其输入机器。系统学习了经过人工分析的资料后，会自动把新输入的资料（如面试片段中求职者的表现）和结果（反映出的性格）联系起来，比如候选人如果使用了积极的词汇，代表着候选人的性格相对外向。

此前，俄罗斯圣彼得堡初创企业 Strafory 推出了用于机构招聘的人工智能机器人"薇拉"。它不仅能从招聘网站筛选求职者简历，还能通过视频或语音电话，面试多达数百名求职者。据彭博新闻社报道，"薇拉"结合了谷歌、亚马逊、微软和俄罗斯搜索引擎的语音识别技术，拥有庞大的词库。有关程序还基于源自维基百科、招聘启事的约 130 亿条语法和语音例句来训练"薇拉"，以便让其能够更自然地与人对话交流。

三、智能化技术的发展趋势与影响

近年来，智能化技术创新方兴未艾，虚拟现实、高仿真机器人、数字孪生、边缘计算、可穿戴设备、生成式人工智能等仍是未来技术演进重要方向，产学研结合与跨领域跨学科融合创新将越发频繁。在这一过程中，人们广泛期待智能技术的发展能够更加注重技术创新与社会效益的平衡，通过技术发展促进开放、交流与合作，注重可持续发展、安全、平等、普惠等长期利益与普遍福祉。这些技术趋势与社会期待，对于评价科技从业者科研水平、社会贡献等提出了新的要求。

第二节　智能化技术驱动科技人才评价转型

一、智能化技术发展对科技人才提出更高要求

科技人才评价是指通过客观和科学的方法,对科技人才的能力、素质和潜力进行综合评估,确定个人在科技领域中的表现及发展潜力,对科技人才进行分类、选拔和激励,从而更好地满足科技创新需求的过程。科技人才评价是进行科技人才资源开发管理和使用的前提,是科技人才建设的"指挥棒"和"风向标",对激发人才创新活力,促进科技竞争力和发展力至关重要。

科技人才的评价,主要遵循公平公正、多元综合、动态评估等原则,以避免主观偏见和歧视,从学术成就、实践经验、创新能力、团队协作等方面全面评估个人能力和潜力,并随着个人能力和表现的变化而进行调整和更新。科技人才评价的理论基础是人力资本理论,在具体实施上有综合评价法、360 度人才评价、人才资本评估模型、人力资源管理评估模型(HRMAM)等多种评价方法与模型。

在科技人才评价的普遍性要求之上,相比于传统学科,智能化技术因其在技术和理念创新、多学科交叉融合、技术与应用高度结合、人机交互等方面的特色,以及对数据驱动、算法优化、模型训练和系统集成等的高度依赖,对行业人才即科技人才的跨学科能力、数据分析与处理能力、创新思维和解决问题能力、人机协同能力有更高的要求。

1.要求更强的跨学科研究能力

跨学科研究能力指在不同学科领域之间能够整合、运用和创新知识、技能和方法的能力，包括：一是具备数学与统计学知识，能够运用数学和统计学的方法解决智能系统中的优化问题、模式识别、数据分析等。数学与统计学是智能化技术的核心基础，包括线性代数、概率论、数理统计等。二是具备计算机科学与人工智能知识，包括具备计算机编程和算法设计的能力，能够使用 Python、R、Java 等编程语言进行开发，并熟悉机器学习、深度学习、自然语言处理等方面的知识。三是具备特定领域的知识。智能化技术在不同领域中的应用成果有很大差异，要求具备相关领域的知识，如医学、金融、农业、交通等，以理解并解决特定的问题。四是具备管理学与商业智能知识，能够将智能化技术应用于业务流程改进、数据驱动决策、市场分析等。

2.要求更强的数据分析与处理能力

数据分析与处理是智能化技术的核心环节，关系到智能系统的性能和应用效果。数据分析与处理能力主要体现在：一是数据收集与清洗能力，能够从杂乱的数据源中提取出有用的数据。这包括从数据库、传感器、网络等多种数据源中提取数据，并对数据进行清洗、去噪、归一化等预处理工作，以保证数据的质量和可靠性。二是数据分析与解释能力，能够对大量的数据进行有效的分析和挖掘。这需要掌握统计学和机器学习等领域的相关知识和技术，能够应用各种数据分析方法和算法，例如回归分析、聚类分析、分类算法等，对数据进行深入的挖掘和分析，并从中提取有用的信息和知识。三是数据建模与预测能力，能够基于数据构建模型，进行数据驱动的预测和决策。这需要掌握机器学习和数据挖掘的相关方法，例如决策树、神经网络、支持向量机等，能够根据数据特征和需求，选择合适的模型，并进行模型训练和评估，最终实现对未知数据的预测和推断。四是数据可视化与沟通能力,能够有效地将数据和分析结果进行可视化展示和解释,同非专业人士进行有效的沟通和交流。这需要了解数据可视化的原理和方法,掌握各种数据可视化工具和技术,如数据图表、数据仪表盘等,能够使用可视化手段清晰传达数据分析的结果和发现。

同时,智能化技术对数据分析与处理能力的要求还在不断发展和变化。随着大数据、云计算、物联网等技术的进一步发展,智能化技术需要更加高效和灵活的数据分析与处理能力。这要求科技人才不断学习和更新知识,掌握最新的数据分析和处理技术,顺应技术的发展潮流,并能够适应不同领域和应用场景的数据分析和处理需求。

3.要求更强的创新思维和解决问题能力

智能化技术的本质是通过创新的思维和方法解决现实世界中的各种问题。创新思维和解决问题的能力主要体现在:一是创新思维能力,即具备开放的思维方式,敢于挑战现有的思维模式和常规观念,能够从不同角度思考问题,并提出具有独特见解的创新思路。二是综合运用跨学科知识的能力,即具备跨学科的知识和技能,能够从不同领域获取相关知识,将其进行整合和创新应用。例如将数学、计算机科学、统计学等不同学科的知识和方法结合起来,用于智能化技术的问题解决和创新。三是问题分析和解决能力,包括培养批判性思维、逻辑思考和解决问题的能力,理解问题的本质,梳理问题的关键要素,并运用合适的方法和工具分析和解决问题。四是实践经验和迭代思维能力,包括:能够通过实践发现问题、总结经验,并将其应用于下一轮的改进和优化;能够对过程不断反思、对结果不断改善和对问题持续关注,从而不断提升智能化技术的性能和应用效果。

4.要求更强的人机协同能力

人机协同是指人与智能化系统之间的合作与互动,通过充分发挥人类的智能和机器的计算能力,实现更高效、更准确的任务执行和问题解决。人机协同能力主要体现在:一是理解人机互动需求,尤其是对用户的需求进行分析和挖掘,以了解用户习惯、偏好和行为模式,解读用户的意图和需求,从而为智能化系统提供准确的指导和设计方向。二是能够设计智能化界面和交互方式,包括掌握交互设计的原理和方法,了解用户界面设计、语音识别、手势识别、虚拟现实等技术,能够设计出符合用户需求的界面和交互方式,使得人与机器之间的交流更加自然、高效、易用。三是能够整合人类智慧与机器计算能力,包括了解机器学习、推荐算法、智能决策等相关技术,能够将自身的经验和知识与机器的计算能力相结合,实现更高效、准确的决策和问题解决。四是能够处理复杂任务与异常情况,包括灵活应对复杂任务及其过程中的异常情况,处理未知情况和新领域的挑战,实现人机之间的有效配合和合作。

二、智能化背景下科技人才评价的主要趋势

智能化技术发展对于人才的更高要求,决定了人才评价的方向与重点。相比于传统科学领域,智能化人才评价更加注重对开创能力、思维能力、综合能力、应用能力、协同能力等的考察。同时,智能化技术的发展具备高投入、高不确定性、高创新性,对于人才评价的包容、容错能力也有更高要求。

（一）更注重对人才潜力的评价

智能化技术是创意驱动的未来产业,创新活动快速出现、快速检

验、快速迭代是常态,因此人才评价应避免与短期论文、项目、获奖过度挂钩,与工作经历、职称、学历、年龄等过度绑定,而是应该更加注重人才在特定领域进行原始创新、推动应用的潜在能力,为科技人才挑大梁提供更多机遇。

（二）更注重对核心人才的遴选

智能化技术是人才引领特别是一流人才引领的技术,科技人才评价需要大幅提高评价标准与科研考核标准,方能凸显一流科技人才的优势、充分发挥作用。一方面是要确立依据原始创新甄选一流科技人才的标准,用原创成果展评模板与原创关键词作为试金石;另一方面是要以知识点而非论文作为科研产出的基本单位,杜绝以次充好、数量取胜。

（三）更注重对创新的包容性

原始创新是智能化技术进行自主突破而非模仿跟进的核心,但原始创新的认定往往面临多方面困难,如同行评议固有的主观性、非共识、同行利益纠结等问题,科技大奖获奖时间延迟、奖项设置不够全面等问题,均不利于原创成果与一流人才及时发挥作用。因此,智能化领域人才评价需要有针对性地纠偏、补位,增强对创新认定的包容性,增加激励,为具有较强原始创新能力的人才更快脱颖而出提供更加灵敏、友好的评价机制和成长环境。

（四）更注重智能化技术所需独特素质

以推动智能化技术迈入新台阶的生成式人工智能为例,智能化技术的快速发展和巨大影响力并非凭空出现,而是来自这一领域人才独特素质的支撑。可以预见的是,随着智能化技术的持续深入发展,对人才的评价将更加带有行业特性。一是更强的人才开放性要求，如参与开源社区并作出贡献的能力将成为评估科技人才的重要参考。积极参与开源项目、贡献代码、提出改进建议等技术交流，将是人才专业性和行业贡献的重要表现。二是更强的数据驱动评价方式，运用数据和度量评估候选人的技术能力和工作表现，如借助 kaggle 竞赛排名、GitHub 代码质量等指标。三是终身学习和自我进化能力。人工智能领域更新迭代频繁，拥抱终身学习、持续学习新技能和关注行业最新发展的人才将更加被看重。四是伦理和社会责任。人工智能技术对社会有着深远的影响，对于 AI 的道德问题、隐私保护、公平性等方面的立场态度，将随着行业发展更加直接广泛地影响到对智能化人才的评价。

第三节　智能化技术在科技人才评价上的应用探索

　　智能化技术背景下的科技人才评价是极端复杂的系统工程，且在高校、行业企业、科研机构的人才工作中面临不同的需求场景。当前完全基于人工智能技术的科技人才评价，仍以学术探索研究为主，实际应用不够普遍。在传统评估方式中加入智能化评测技术和方法，相比之下或更具有现实操作性。

一、基于 BP 神经网络的科技人才评价模型

　　在智能化科技人才评价方面，中北大学有关研究引入反向传播（back propagation，BP）神经网络理论，设定合适的网络参数，选取学习

方法,形成了一个基于 BP 神经网络的企业科技人才评价模型,为更加科学、准确、智能化地实施科技人才评价提供了思路参考。

(一)BP 神经网络应用于科技人才评价的优劣势

综合评价科技人才是一项系统工程,其过程较为复杂,BP 神经网络具有自我学习功能,可以通过网络训练记忆专家系统的思维与经验,然后将这种自学习能力与实际岗位需求相结合,形成输入指标与输出结果之间的函数关系。该模型改进了传统评价方法的不足,不需要主观确定指标权重,使科技人才的评价过程更加科学;同时,对主持评价机构的人工智能技术运用要求较高,评价指标与被评价人才所在行业、单位、项目等现实环境的要素耦合存在较多不确定性,应用实例也不够充分,这些都有待评价模型和技术的成熟以进一步检验。

(二)评价指标设计

通过文献检索、专家咨询、问卷调查等,该模型确定了胜任素质、工作能力、业绩贡献 3 个一级指标,其中,胜任素质包含责任感、团队合作精神、创新思维、知识水平、业务技能、市场意识、成就导向 7 个指标;工作能力包含技术开发能力、沟通交流能力、应用推广能力、组织协调能力、分析决策能力 5 个指标;业绩贡献包含科技项目、专利授权、荣誉奖励、成果转化效益、团队建设 5 个指标。

(三)建立 BP 神经网络结构与模型参数

对企业科技人才进行评价一般的步骤是:选取科学合理的评价方法,通过测量每个指标,综合得到科技人才胜任能力水平。根据映射网络存在定理和 BP 神经网络结构特点,该模型采用只有一个隐含层的

BP 神经网络模型，在模型构建时设置最佳的隐含层神经元个数。确定了 BP 神经网络结构之后，需要设计模型的网络层数、参数、训练方法等，形成完整的企业科技人才评价模型。

该模型输入层神经元个数为 17 个，输出层神经元个数设为 1，神经元个数取值范围为[5,14]，采用自适应调整学习速率算法训练网络。该模型用 BP 神经网络函数 net＝newff(P,T,S,TF,BTF,BLF)评价企业科技人才，其中 P 为输入矢量的矩阵，T 为输出数据矩阵，S 为隐含层神经元数目，TF 为传递函数，BTF 为训练函数，BLF 为学习算法对应的函数。在研究人才评价问题时，输入层到隐含层使用 logsig 函数或 tansig 函数；为了输出任意范围的结果，隐含层到输出层的传递函数采用 purelin 函数。

(四)模型实证分析

利用以上述模型对某科技企业进行人才评价，结论表明，首先，BP 神经网络能够充分吸收专家的判断经验和企业的人力资源管理的实际导向，具有较好的评价效果，不仅有利于企业更加科学、合理地评价科技人才，还能为人力资源管理提供决策依据。其次，运用 BP 神经网络进行企业科技人才评价，实施过程更加简便快捷，评价结果更加科学和准确，对选拔人才、引进人才具有一定的指导意义。

二、用智能化技术提升传统评价方式的效力

目前研究科技人才评价方法的主流成果主要有模糊综合评价法、专家咨询法、层次分析法(analytic hierarchy process，AHP)、灰色关联分析法、双基点法(technique for order preference by similarity to ideal solution，TOPSIS)、问卷调查法等。在人工智能技术加持下，传统评价

方法存在的个体主观性强、非能力因素影响多、适应性与普遍性难兼顾等不足有望得到较大程度的改善。本书以中智人才评价体系"五步法"探讨人工智能技术与传统科技人才评价方法的结合。

中智人才评鉴与发展中心提出科技人才评价的"五步法",在评价导向上坚持创新价值、能力、贡献,在评价标准上坚持客观公正、分类分层评价,坚持多元主体参与评价。其"五步法"主要如图3-1所示。

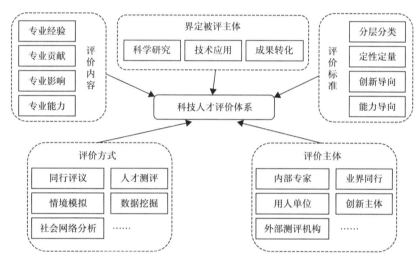

图 3-1　中智人才评价体系"五步法"

图片来源:小智解读|科技人才实践篇:五步构建科技人才评价新体系[EB/OL].
(2022-11-04)[2024-03-13].http://roll.sohu.com/a/602703288_121123704.

(一)清晰界定被评主体

结合企业人才实际和产研需求,按照科技活动的基本阶段与分工,中智评鉴主张将企业科技人才分为三类,即科学研究人才、技术应用人才和科技成果转化人才。

1.科学研究人才

科学研究人才是从事科学基础研究和应用研究的人才,主要是指负责科学或技术前沿型研究、预研究和规律探索的人员，其核心是发现和发展新科学技术的学术成果价值。

2.技术应用人才

技术应用人才是从事技术实践应用的人才，主要是指应用科技研究成果，产出和维护新方法、新工艺、新技术、新产品和新系统的人员，其核心是应用科学技术的价值和贡献。

3.科技成果转化人才

科技成果转化人才是从事科学技术知识成果转化的人才，主要是指在实践中将科技产出直接转化为企业经济产品的人员，其核心是科技成果转化的经济价值和社会价值。

在这一步骤中，科技人才大多具有较明确的行业属性、岗位职责、研究方向和领域专长等，对于技术识别的要求相对不高。同时，人工智能的发展持续向交叉、跨领域多元融合演进，使得人才划分时难以用单一维度概括，且多媒体智能化识别技术、自然语言处理技术等能够帮助识别被评价人在不同研究领域和方向上的投入权重，以实现更加综合、全面的考察。

（二）精准选取评价内容

国内外科技人才评价大致涵盖了品德、素质、业绩与影响力、创新质量与贡献四个方面，各个评价主体对内容选取有所取舍。中智评鉴主张在专业能力、专业贡献与专业影响等评价内容之外，也需要将科技人才的专业经验纳入评价之中，通过对科技人才参与重大项目、攻关历练等关键性经历的评价，多维立体评估科技人才成长成才轨迹。因此提出四项评价内容，如表 3-1 所示。

表 3-1 科技人才评价内容及其含义

评价内容	基本内涵	典型指标(示例)
专业经验	科技人才个人专业知识、技能、本专业从业经历经验,能够反映人才的知识结构、技能水平、能力成长轨迹	• 学历学位 • 专业知识 • 学术经历/经验 • 参与重大项目历练情况
专业能力	科技人才完成科技活动所必须具备的关键个性特征,能够反映人才的创新创造潜力	• 学习能力 • 创新能力 • 技术管理能力 • 职业性格与动机
专业贡献	科技人才绩效表现,科学价值、经济价值和社会价值的综合表现,能够体现人才的价值创造和对组织、经济社会的有效贡献产出	• 论文/专著/标准/专利/发明 • 科技项目/科技奖励 • 成果转化经济价值
专业影响	科技人才在本专业领域的影响力,是对其专业表现的专业认同度测量,能够体现人才的实际认可度和需求度	• 行业/产业/学术影响力 • 行业/社会认可度 • 重大技术突破/创新价值

(三)科学构建评价标准

基于科技人才不同成长阶段的关键活动和评价重点,该机构主要采取分层评价模式,如图 3-2 所示,对不同层次人才予以针对性的评价,构建分层分类的评价标准体系。在实践应用中,针对不同层级、不同类别的科技人才,对其四个维度的评价内容,可以予以不同权重的考查与评价,例如成果转化人才更加突出对专业贡献的评价,青年科技人才更加突出对专业能力的深度考查。

确定分层分类评价内容权重或比例后,需要依据评价内容的细化指标,确定定性或定量的评价标准。针对科技人才能力导向,中智评鉴主张引入任务评价标准,对科技人才既往从事的关键科技项目,从自身项目角色定位、贡献、项目时长、项目大小、项目影响等角度,形成科技人才"任务图谱",精准评估科技人才能力历练和关键成才积淀。为了鼓励科技人才评价创新导向,在评价标准上可以采取"代表作"评价,仅选

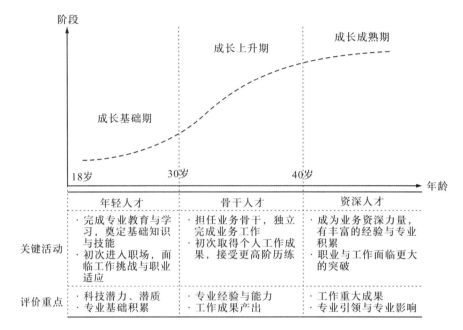

图 3-2　科技人才成长阶段模型

取被评价人 3～5 项关键成果或作品,突出重大创新和主责主业导向。

　　在这一步骤中,以机器学习、深度学习等技术进行建模并反复调试权重合理性,是传统评价方式智能化的主要方向。前述基于 BP 神经网络的评价模型即借助大数据运算以减少人工偏差的重要尝试。同时,借鉴人格测试类单项问答,借助生成式人工智能技术创建科技人才评价的多模态交互环境,也将有助于以更加灵活、丰富的方式考察科技人才在专业之外,在创意、合作、社会理念、压力感知等方面的综合素质。

（四）创新丰富评价方式

　　中智评鉴主张用人单位可以结合科技人才特点,大胆引入社会学、心理学和管理学最新前沿理论和研究成果,丰富人才评价方式。如引入社会网络分析技术,可以应用于科学研究型人才团队,通过探讨科研团队的社会网络结构,分析创新知识、成果传递路径,了解其知识整合路径,既可以评价不同团队的创新绩效,又可以评价在不同团队中存在的关键创新"中介"(brokerage),即对创新成果作出突出贡献的人才个体。人才测评技术也可为人才评价提供重要参考,尤其是在青年科技人才评价方面,可以通过情景模拟、评价中心、标准化心理测验等手段,更加精准地描述青年科技人才的创造潜力、动力与特质,深层评估青年科技人才专业能力。

(五)多方选取评价主体

多方评价主体融合,规则制定者、规则设计者与规则使用者多方结合,才能构建一个科学精准、有效落地的科技人才评价新体系。用人主体在科技人才评价中处在承上启下的关键位置,尤其是在制定科技人才评价规则方面有着决定性作用,但同时也存在用人主体对科技工作缺乏了解、评价拘泥于旧有规则等问题,因此用人主体在评价中更应该突出机构主体责任,转变主体的职能定位、评价的目的和目标、树立公平合理的评价指引,对具体细化的评价工作可以委托其他评价主体。对于专家评价、同行评价,需要进行前期规则评价、具体细化测量方式和提供清晰的评价指引,避免过度的人为误差。充分发挥专业测评机构在科技人才成才规律、指标测量精准性、能力潜质测量等方面的专业优势,补齐评价主体短板。

三、科技人才"素质—行为—业绩"智能化评价大模型

综合以上前人研究,以及新时期创新人才评价"破五唯"的整体要求和智能化技术的应用趋势,本研究创新性提出"科技人才素质—行

为—业绩"这一智能化评价的创新思路,并结合 AI 技术的应用,探索构建科技人才的智能化评价大模型。需要注意的是,建设大模型包括算法、数据和算力三方面,本研究主要着眼于算法和数据两部分,算力的投入也是支撑科技人才创新评价能否走远的重要条件,因与本研究构思的相关性不大,故不展开深入研究。

(一)研究思路及研究假设(见图 3-3)

行为——中介变量
科技人才的协作、创新、研究方向更换频率等行为,可能会对科技人才业绩有重要影响,同时也可能与"大五"人格有密切联系

素质——自变量
"大五"人格中的责任感可能是业绩最有效的预测因子

业绩——因变量
科技人才的"大五"人格和科研活动中的某些行为,均会对科技人才的业绩有影响

图 3-3　科技人才"素质—行为—业绩"智能化评价大模型研究构思

1.科技人才素质

现代人才素质的内涵较为广泛,主要包括人才的知识、能力、思想品德、价值观、思维方式、行为风格等等。总体而言,素质是支撑人生活和工作最基本且相对稳定的特质。它在人与人之间不是"有"或"无"的差异,而是水平"高"与"低"的差异及功能发挥程度上的差异。本研究中"素质"的测量主要依据学者们认可度较高的"大五"人格。所谓"大五"就是涵盖人格的五个因素,分别是神经质(N)、外向性(E)、开放性(O)、宜人性(A)、责任感(C)。

2.科技人才行为

人的行为是多学科研究的课题,不同学科有着不同的看法。行为是外显的表现,可以直接影响科技人才的业绩表现。本研究中的行为评价主要是对影响岗位绩效关键行为的评价,重点关注科技人才的团队协作、创新行为、学术活跃度和研究方向更换频率等几类行为,具体又包括论文、专利、项目、荣誉与奖励等等。

3.科技人才业绩

长久以来,学界对绩效问题一直非常关注,但对于"绩效是什么"却没有形成一致的意见。目前阐述绩效内涵的观点主要有三种:结果绩效观、行为绩效观和能力绩效观。本研究希望建立全面统一的科研业绩评价指标体系,将科技人才的素质数据、行为数据、业绩数据汇聚在一起,通过智能计算的各类算法(如神经网络模型 ANN 等算法)进行建模,并最终评定出科技人才业绩评定的等级和具体得分,便于对智能化时代的科技人才进行精细化管理。

基于此,本研究提出科技人才"素质—行为—业绩"这一研究构思。其中,科技人才素质、科技人才行为、科技人才业绩分别为自变量、中介变量和因变量,并据此提出三个假设:

H1:科技人才的素质对科技人才业绩具有正向影响。

H2:科技人才素质中的责任感要素对科技人才业绩的影响最大。

H3:科技人才的素质会通过科研行为影响业绩。

(二)研究内容及研究路径

研究内容与路径方面,主要是通过前述研究框架与假设,探索搭建科技人才"素质—行为—业绩"智能化评价大模型。有关大模型的要素及测量、输入及输出算法逻辑可参考如下步骤:

1.科技人才素质的要素及测量:通过两种智能化技术获取大数据

在此环节,可构建有关算法,结合"大五"人格的五大维度,综合运用语义分析、情感分析、NLP 分析等方法，对与科技人才相关的神经质(N)、外向性(E)、开放性(O)、宜人性(A)、责任感(C)进行智能化打分，具体可对应科技人才的创新洞察力、领导力、团队协作性、人文素养、责任感五大评价标准。

对科技人才素质的测量有两种路径。其一，利用人脸识别、情绪识别、眼动技术、自然语言处理等智能化技术开发面试机器人，从而收集文本、语音、视频等数据，对"大五"人格进行建模，并通过对新入职科技人才的机器测评结果和问卷测评结果的分析，不断修正模型提高准确性，最终以面试机器人代替传统的问卷，自动采集候选人"大五"人格数据。其二，综合运用"数据库"思维为大模型注入源源不断的科技人才素质大数据。有关人才评价部门或机构可提前通过自建或购买第三方服务建设"三库"，即人才简历库、本地数据库和专业领域库，作为日后科技人才智能化评价的预训练数据池。虽然这一步骤不可避免地牵涉到前期的经费投入，但是结合当前我国建设创新型国家，以及推动高质量发展进程中各地对科技人才需求还将持续攀升的新趋势，前期的基础性投入还是相对必要的。

2.科技人才行为的要素及测量：重点针对学术影响力、商业化能力进行模型化分析

借助前期在"科技人才素质"大数据中的投入，大模型首先输出的即为对"科技人才行为"的实时大数据分析。根据有关科技人才的简历和基础数据，可以重点对其学术影响力(论文因子、学术诚信与学术伦理等)、知识产权与商业化能力这两类大数据进行模型化分析和输出，其他大数据还包括科研人才的信息技术应用能力、品牌建设与市场意识等(见图 3-4)。在此阶段，也可综合运用相关算法，对"科技人才行为"进行智能化打分。

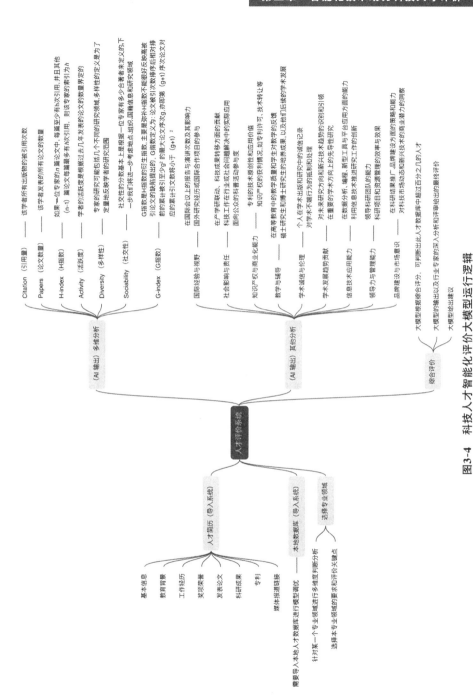

图3-4　科技人才智能化评价大模型运行逻辑

3.科技人才"素质—行为—业绩"的智能化评价大模型构建

有了上述"科技人才素质"模型输入阶段和"科技人才行为"模型输出阶段，"素质—行为—业绩"智能化评价大模型方能最终成型。为了更好地校验本研究思路中的假设，可将这一模型应用于新招聘的科技人才，并确保至少保持 1～2 年的大数据持续反馈和追踪训练，以及算法的不断校验和完善，才能充分验证模型的预测信度和效度，并至少得出如下三方面的研究结论：

其一，对应 H1，科技人才素质（自变量）与科技人才业绩（因变量）的正负相关性，以及自变量在多大程度上将影响因变量（阈值划定）；其二，对应 H2，科技人才素质（自变量）中的五大测量因素中，具体哪个因素对最终科技人才业绩（因变量）的影响权重最大；其三，对应 H3，科技人才素质（自变量）是如何通过科技人才行为（中介变量）的作用，进而影响到最终科技人才业绩（因变量）的表现。

上述科技人才智能化评价大模型的用途也可分为两方面，既包括业内前瞻应用，也包括学术理论研究。业内实践应用方面，最为直观的应用场景便是为有关部门、科研机构、地方政府、科创企业能够"一键化"解决当前科技人才引进工作中泥沙俱下、良莠不齐的难题，通过智能化、精准化的大模型评估，实时评估"素质—行为—业绩"三维表现，并得出智能化评价等级和具体得分。同时，还可适当结合专家评审等方式，确保定量分析和定性分析相结合，提升评价结果的可靠性。学术理论研究方面，伴随相关大模型的演变发展，前述三个假设的结论无疑也将是动态变化的，背后反映的是不同发展时期不同科技人才在"素质—行为—业绩"关系上的变化。只有不断推敲反复计算，才能抓住事关科技人才评价大模型应用成效的"牛鼻子"——算法模型，用不断创新的研究成果驱动业界强化数据开源、采集和分析能力，进而助力算法模型的不断推演完善，从而让理论创新反哺业界探索，并提升应用成效。

第四章 现有科技人才评价模式与创新

第一节 现有科技人才评价模式概述

一、科技人才评价模式的定义

科技人才评价模式是一种系统性的方法,用于全面评估科技领域从业者在其工作中的表现和贡献。这涵盖了多个方面,包括但不限于技术能力、创新能力、团队协作和项目管理。这一评价模式旨在提供一种结构化的框架,使组织能够客观、全面地了解科技人才的潜力、能力和价值。

二、科技人才评价模式的重要性

(一)个体激励与发展

1.奖励机制

科技人才的奖励机制在组织中扮演着至关重要的角色。奖励机制主要分为绩效评价和绩效奖励两个步骤。首先,通过明确的绩效评价标准,组织能够客观地了解每位科技人才的工作表现,为个体提供明确的发展方向,也有助于建立起一种公平竞争的工作氛围,激发科技人才更积极地投入工作。其次,明确的绩效奖励标准能够让个体清晰地看到自己的努力和付出被认可和奖励,不但有助于个体更好地完成工作任务,还能够培养他们持续学习和创新的意识,推动整个团队的发展。可见,通过明确的绩效评价和绩效奖励,不仅可以有效评估个体的工作表现,还能够激发他们的工作热情和创造力,为整个团队的发展注入强大的动力。

2.个性化发展规划

个性化发展规划是科技人才管理中的一项重要策略,能够更好地挖掘和发挥个体的专业优势,从而提升整体综合素质。首先,通过基于评价结果制定个性化的职业发展规划,不仅能够更好地满足个体的职业发展需求,还能够更有针对性地提供培训和支持,使其能够更快速地成长。其次,个性化发展规划通过制定符合个体兴趣和能力的发展路径,有助于激发科技人才的潜力。同时,个性化的关怀和支持能够使科技人才在发展过程中感受到组织的关注,增强对组织的归属感。可见,通过深度了解个体的优势和发展需求,组织可以更有针对性地提供支持,不仅对个体的职业发展有益,也有助于整个团队和组织的长期繁荣。

（二）团队协作与效能

1.团队绩效评估

团队绩效评估是科技团队管理中至关重要的一环,其评价模式应当着眼于评估团队协作能力、团队目标达成情况、团队氛围和文化建设,以推动整个团队的绩效提升,实现成员间更好地协同工作。首先,团队绩效评估应注重团队协作能力的评估。团队协作能力包括团队成员之间的沟通效果、信息共享的透明度以及共同解决问题的能力等。通过评估,可以更全面地了解团队的协作状态,为团队提供有针对性的改进建议,推动协作效率的提升。其次,团队绩效评估应关注团队目标的达成情况。这意味着不仅要评估个体成员的贡献,还要看团队整体是否能够达到设定的目标。这样的评估模式能够促使团队成员更注重共同目标,鼓励他们相互合作、共同努力。最后,团队绩效评估还应考虑团队氛围和文化的建设。积极向上的团队氛围有助于激发团队成员的创造力和工作热情。因此,评估团队的文化和氛围能够为团队提供改进的方向,使团队更具凝聚力和创造力。综合而言,团队绩效评估应以促进团队协作和合作精神为目标,帮助团队更好地发挥团队成员的优势,提高整体绩效水平。

2.激发创新

激发创新是科技团队发展的关键要素,通过评价创新能力,可以鼓励团队成员提出新思路、新方案,推动科技创新不断发展。首先,评价创新能力需要关注团队成员的思维方式和解决问题的方法。这可以通过考察个体是否具有跨学科的思考能力、是否能够从不同领域获取灵感等方式进行。这样的评价有助于了解团队成员在面对问题时是否能够灵活运用多元思维,从而促进创新思维的涌现。其次,鼓励团队成员提出新思路和方案需要建立一种开放的团队文化。评价模式应考察团队中是否存在分享和倡导新想法的氛围,以及组织是否提供了支持和奖励机制。这样的评价不仅能够激励成员敢于提出创新性的观点,还能够推动整个团队的创新活力。最后,评价创新能力还需关注成果的产出,即团队成员提出的新思路是否能够转化为实际的科技创新,为组织带来实质性的价值。这样的评价能够使创新不仅仅停留在理念层面,而是切实推动科技的发展。总体来说,通过评价创新能力,可以有效地激发团队成员的创造力和积极性,推动科技创新不断迈向新的高度,不仅有助于个体的成长,也为整个团队和组织的创新能力提升提供了坚实的基础。

(三)组织创新力提升

1.战略对接

确保评价模式与组织创新战略相对接,能够确保科技人才的评估与组织的长期目标保持一致,从而推动整体创新力的提升。首先,评价模式应与组织的创新战略相契合,包括了解组织的创新方向、重点领域以及长期目标。通过将这些信息纳入评价模式中,可以确保科技人才的培养和发展与组织的战略方向相一致,使其有更为明确的创新方向。其次,评价模式需要关注科技人才在创新过程中的贡献。这不仅包括个体的创新思维和实际创新成果,还应考虑其对组织创新文化的促进作用。最后,评价模式的指标和标准需要能够反映组织对创新的期望和要求。这可能包括对科技人才的技术能力、创新意识、团队协作等方面的要求。通过明确这些标准,可以更好地引导科技人才朝着组织设定的创新目标努力。

2.创新文化培养

培养创新文化,也就是营造鼓励创新的文化氛围,推动科技团队更有活力和创造力。首先,评价模式应注重对创新思维和行为的肯定。通过设定明确的评价标准,激励团队成员提出新思路、尝试新方法,认可他们的创新努力并进行奖励。这种正面的反馈有助于塑造团队中积极向上的创新氛围。其次,评价模式可以关注团队成员在协作中展现的创新能力,包括与他人共享创新想法、在团队中推动创新项目的能力等。通过这方面的评价,可以促使团队成员更加注重协作和团队内部的知识分享,进一步加强整个团队的创新力。最后,评价模式还应鼓励包容失败和学习失败经验。鼓励团队成员尝试新的方法和理念,即便失败也能够从中学到宝贵的经验。评价模式应当理解和支持创新尝试,使团队成员敢于冒险,不畏失败。总体来说,评价模式通过设定合适的标准,激发团队成员的创造力和活力,推动科技团队在创新领域取得更加显著的成果。

（四）专业知识与技能发展

1.技术更新

技术更新对于科技人才的重要性不言而喻,评价模式应该对科技人才的专业知识和技能水平进行全面的考察,以促使他们不断学习和更新技术。首先,评价模式应该关注科技人才的持续学习能力,包括参与培训、自主学习新技术、积极参与行业研讨会等方面。通过评价这些因素,可以了解个体对学习的态度和实际付出,从而促使他们更加注重自身的专业发展。其次,评价模式应关注科技人才的技术更新实践,包括是否能够将新学到的知识和技能应用到实际工作中,是否能够在项目中运用最新的技术手段。通过这方面的评价,可以确保科技人才的学习不仅仅停留在理论层面,更能够在实际工作中发挥作用。最后,评价模式可以关注团队中的知识共享和交流情况。一个良好的知识共享氛围有助于团队成员相互学习和技术更新。通过评估团队中成员之间的协作和知识分享,可以推动整个团队的技术水平的提升。总体而言,评价模式在科技人才管理中应该成为一个促进技术更新的工具。通过全面而有针对性的评估,可以激励科技人才不断提升自己的专业水平,适应不断变化的科技环境,确保团队在快速发展的科技领域中保持竞争力。

2.交叉培训

交叉培训是一种促使团队成员在多领域获得专业知识的重要方式，评价模式可以通过关注多领域的专业知识，鼓励和支持交叉培训。首先，评价模式应重视个体学习和掌握其他领域知识的程度。这可以通过考察个体是否参与过跨领域的培训、是否拥有多领域的项目经验等方式进行。评价模式的设置应该传递出一个鼓励团队成员在不同领域拓展知识的信息，激发他们的学习兴趣。其次，评价模式应注重团队成员之间的知识分享和交流。一个良好的团队协作氛围有助于促进交叉培训的进行，通过评估团队中成员之间的知识交流情况，可以发现潜在的跨领域合作机会，并为交叉培训提供更有针对性的支持。最后，评价模式的设定应考虑鼓励团队成员在工作中跨领域合作和创新。通过将跨领域的工作经验纳入评价体系，可以激励团队成员主动参与各种项目，提高他们在多个领域的实际能力。总体来说，评价模式应该成为一个推动交叉培训的工具，通过全面评估多领域的专业知识，激发团队成员的学习热情，提高他们在多个领域的综合能力，从而推动整个团队的创新和发展。

（五）职业道德培养和团队文化建设

1.道德操守

确保科技人才在职业生涯中保持良好的道德操守对于组织和团队的长期发展至关重要。评价模式应该考量科技人才的职业道德，以建立正向榜样，推动团队形成健康的工作文化。首先，评价模式应关注科技人才在工作中是否遵守行业准则和职业道德规范，包括是否处理工作中的伦理难题，是否对项目的质量和安全负责等。通过对这些方面的评估，可以了解个体对职业道德的认同程度和实际执行情况。其次，评价模式应考察科技人才在团队中的合作和沟通方式是否遵循良好的职业操守。团队成员之间的相互尊重和合作是构建友好和谐工作文化的重要组成部分。通过评价个体在团队中的协作精神和对他人的尊重程度,可以促进形成积极的工作氛围。最后,评价模式应鼓励团队成员在社会责任方面的参与。科技人才应该在科技发展的同时,对社会和环境负起一定的责任。通过考察个体是否参与社会公益项目、是否关注科技发展对社会的影响,推动团队形成更具社会责任感的工作文化。总体来说,评价模式应该引导科技人才形成良好的道德操守,通过全面而有针对性的评估,为组织和团队的可持续发展构建坚实的基础。

2.文化契合度

文化契合度对团队的凝聚力和整体绩效具有重要影响。首先,评价模式应关注个体对团队核心价值观和愿景的认同程度。这有助于筛选出与团队价值观相符的成员,促进团队价值观的一致性,提高团队凝聚力。其次,评价模式应考察个体在团队中的角色和行为是否与团队文化相符。不同团队文化需要不同类型的行为和领导风格,通过评估个体在团队中的表现,可以判断其是否能够适应团队文化并为团队的发展作出贡献。最后,评价模式应关注团队成员之间的协作和沟通情况。团队文化通常倡导积极协作和有效沟通,评估团队成员在这些方面的表现可以检验其与团队文化的契合度。良好的团队文化契合度有助于提高团队协同效能。总体来说,通过评估团队成员与团队文化的契合度,可以保持团队的凝聚力,促进团队的协同合作,提高整体绩效水平。

（六）持续改进和反馈

1.持续反馈

通过建立持续改进和及时反馈的机制,可以使科技人才及时了解自身表现,从而更好地进行调整和提升。首先,评价模式应该强调定期的评估和反馈,可以通过设定定期的绩效评估周期来实现,确保科技人才在一段时间内接收到多次反馈。这有助于形成一个学习和提升循环,使个体能够更好地适应不断变化的工作环境。其次,评价模式应注重实时性的反馈,可以通过实施实时评估或使用在线反馈工具来实现。及时地反馈能够让科技人才在工作中快速调整和改进,防止问题进一步积累。最后,评价模式应该鼓励双向沟通。建立反馈渠道,鼓励科技人才分享他们对自身表现的看法,以及对团队和组织的建议。这种双向沟通有助于建立开放的工作文化,促进共同的成长和发展。总体来说,持续反馈是一个促使科技人才不断进步的重要机制。通过建立定期、实时反馈流程,以及鼓励双向沟通,能够更好地满足科技人才的学习和发展需求,推动整个团队和组织的不断进步。

2.绩效回顾

定期进行绩效回顾有助于总结经验教训,提取关键教训,并推动评价模式更好地适应科技领域的动态变化。首先,绩效回顾可以通过收集和分析过去评价周期的数据来进行,包括个体的绩效指标、团队协作情况、项目成果等方面的数据。通过仔细研究这些数据,可以识别评价模式中存在的问题和可以改进的地方。其次,绩效回顾应该包括团队成员的定期反馈。了解团队成员对评价模式的看法、感受和建议,可以为模式的改进提供重要的参考,有助于建立更加开放和透明的评价文化。最后,绩效回顾需要结合科技领域的动态变化进行调整。科技领域的发展速度较快,新技术层出不穷,评价模式应该灵活适应这些变化,确保评价标准和方法能够跟上科技领域的最新发展,从而更好地服务于团队和组织的长期目标。通过绩效回顾,评价模式可以不断优化和提升,更好地适应科技领域的动态变化,有助于确保评价模式的有效性和实用性,推动科技人才在不断变化的环境中取得更好的绩效。

三、评价模式的关键要素

(一)技术能力的评估方法

通过设定技术考核项目,包括理论知识、实际操作、问题解决等方面,可以全面地评估科技人才在其专业领域的技术能力。首先,科技人才的实际成果是评价其技术能力的直接体现,评价模式应关注科技人才在项目中的具体贡献,包括项目的完成度、创新性、解决问题的能力等。其次,专利申请是评价科技人才创新能力和技术水平的一项重要指标。科技人才通过提出新的技术方案并申请专利,表明其在技术创新方面的贡献。评价模式应考虑专利的数量、质量、影响力等方面,以综合评估科技人才在知识产权方面的表现。再次,科技人才在实际项目中的经验也是评估其技术能力的重要依据。通过考察科技人才的实际项目经验,可以更全面地了解其在实践技术应用的能力和解决实际问题的能力。最后,对于科研类科技人才,学术贡献反映了其在学术研究方面的深度和广度,是评价其技术能力的重要指标之一。这包括发表的学术论文、参与的学术会议、在学术领域的影响力等。通过以上综合评估,可以更全面、客观地了解科技人才的技术水平,为其职业发展提供有针对性的引导和培养。

（二）创新项目的贡献度

评价创新项目的贡献度时，首先，应评估项目的独创性。科技人才在创新项目中的贡献度应当体现在其提出的理念、方法或解决方案是否具有独创性。这可以通过评估项目的创新点、在行业内的先进性等来衡量。其次，创新项目通常涉及解决复杂的问题，评价模式需要关注科技人才在问题解决过程中的深度和广度。深度是指解决问题的深刻程度，广度是指解决问题的范围和影响。科技人才在创新项目对问题的深度思考和全面解决，体现了其在项目中的贡献度。再次，科技人才在创新项目中的贡献度还体现在其对团队和组织的影响，包括其在团队中的领导力、协作能力，以及项目成果对整个组织的推动作用。科技人才是否能够激发团队创新潜力、带领团队突破技术难关等，都是评价创新项目贡献度的重要标准。复次，创新项目的贡献度还可以通过其实际应用和产业影响来衡量。科技人才的创新项目是否成功应用于实际生产、商业运作，并对相关产业产生积极的影响，都是评估贡献度的关键因素。这反映了创新项目在推动科技进步和产业发展方面的实际效果。最后，考虑到科技领域的迅速变化，创新项目的贡献度还需要考虑其可持续性。评价模式可以关注项目是否具有长期影响力，是否能够在技术领域中保持领先地位，以及是否能够不断演进和创新。通过对以上方面的评估，可以更全面地了解科技人才在创新项目中的贡献度，为其在科技领域的发展提供有针对性的引导。

（三）团队合作与领导力的评价

（1）科技人才的团队合作能力包括其在团队中是否能够有效地协作、分享知识和资源，是否具备团队合作的精神。评价团队合作能力，首先,应考虑其在多人合作项目中的角色和表现,以及团队成员对其合作态度的评价。其次,沟通能力对于团队协作至关重要,科技人才需要能够清晰地表达自己的观点,理解他人的意见,并有效地与团队成员沟通。评价沟通能力可以通过项目中的协作经验、会议表现、文件撰写等方面进行综合考量。最后,科技人才在团队中的评价还应考虑其对团队目标的贡献,包括其在项目中所扮演的角色、对项目目标达成的贡献程度,以及在团队中是否能够发挥关键作用。(2)在某些情况下,科技人才可能需要领导团队推动创新。因此,领导力的评估成为评价模式中不可忽视的一部分。领导力的表现包括其在项目中的决策能力、激励团队的能力、解决问题的能力等。通过考察其在领导角色下的表现,可以评估其领导力的水平。

通过全面评估以上方面,可以更准确地反映科技人才在团队合作和领导力方面的实际表现,为其在团队中的角色和职业发展提供有针对性的建议。

(四)持续学习与发展

科技人才的持续学习和发展可以通过其参与培训的情况来评价。评价模式应考察科技人才是否主动参与相关领域的培训课程,以提升自己的专业知识和技能。这包括参加内部培训、外部培训、在线学习等形式。(1)在科研类科技人才中,学术论文的发表是评估其持续学习和发展的一个重要指标。评价模式应考虑科技人才是否在学术期刊上发表了新的研究成果,是否能够不断推动学术领域的进展。(2)科技人才积极参与行业会议也是持续学习和发展的体现。通过参与行业会议,科技人才可以了解最新的科技趋势、交流经验、拓展人脉。评价模式可以关注科技人才是否参与国际、国内、行业内的重要会议,并从中获得新的见解和知识。(3)科技人才是否能够拓展其研究项目也是持续学习和发展的一个重要方面。评价模式可以考察科技人才是否能够跨越不同领域，参与多样化的研究项目，以及是否能够将不同领域的知识融合应用到自己的工作中。(4)获取技术领域的专业认证是持续学习和发展的另一种证明方式。评价模式可以考虑科技人才是否取得相关领域的专业认证，这不仅可以评价科技人才对技术知识的深入学习，还可以增强其在职业发展中的竞争力。通过全面考察以上方面，可以更好地了解科技人才在持续学习和发展方面的努力和成就，为其未来职业发展提供有针对性的指导。

(五)成果可衡量性

评价科技人才的成果可衡量性，首先，需要建立明确的绩效指标，包括明确定义工作任务和目标，确保科技人才清楚了解其工作成果应该达到的标准。这些指标可以涉及技术方面的成果、项目完成度、创新性等多个维度。其次，需要设定可衡量的目标。目标设定应该具体、可量化，使得科技人才能够明确自己的工作方向和期望结果。这有助于建立评价模式中的量化标准，使评价更加客观和可比较。再次，需要采用实际的数据和成果，而不仅仅是基于主观意见。科技人才的工作成果可以通过项目报告、数据分析、产品推出等具体的实际成果进行量化评估。这有助于确保评价的客观性和公正性。复次，除了短期内的成果，评价模式还应该考虑成果的长期影响。有些科技项目的价值可能在较长时间内才会显现，因此评估模式需要衡量这些长期影响，确保对科技人才的成果进行全面评价。最后，同行评价和用户反馈也是衡量成果可衡量性的重要手段。通过与同行专家的交流和用户的反馈，可以获取对科技人才工作成果的独立意见。这有助于确保评价的全面性和多维度性。通过以上手段的综合运用，可以更好地考虑科技人才的成果可衡量性，使评价更加客观、准确，并有助于科技人才的职业发展和激励。

第二节 科技人才评价模式归类分析

一、科技人才评价模式总体分类

（一）定性评价模式

1.创新能力评价模式

科技人才创新能力评价模式旨在全面评估其在科技领域中的创新潜力和实际表现，具体包括：(1)考察科技人才的思维方式和独创性，即评估其是否能提出新颖的理念、独特的解决方案，以及是否具有跳出传统思维框架的能力。(2)评估科技人才在解决复杂科技问题时的深度和广度。深度包括解决问题的深刻程度，广度包括解决问题的范围和跨学科的涉猎。(3)考察科技人才在创新项目中的领导力表现，即评估其能否有效地引导团队朝着创新目标前进，并激励团队成员充分发挥潜力。(4)评估科技人才是否具备跨学科合作的能力，即考察其在多学科团队中的协作经验和能力，以推动创新项目中不同领域的融合。(5)关注科技人才参与创新项目的成果是否具有可持续性，即评估项目是否能够适应未来发展，是否具备长期影响力和持续创新的潜力。这一评价模式旨在帮助机构更全面地了解和促进科技人才在创新方面的能力，为科技人才的职业发展提供有针对性的指导。

2.团队合作精神评价模式

科技人才团队合作精神评价模式旨在综合评估个体在科技团队中的协作能力和对团队目标的贡献,具体包括:(1)评估科技人才在团队中的合作能力,即考察其与团队成员的沟通协调能力、解决团队内部冲突的能力,以及在团队中扮演协作者角色的表现。(2)考察科技人才的沟通能力,包括书面和口头沟通,即评估其是否能够清晰表达自己的观点,是否能够有效传达信息,以及是否能够理解和回应团队成员的意见和反馈。(3)评估科技人才对团队整体目标的贡献程度,即考察其在项目中的责任心和执行力,以及是否能够为实现团队目标出一份力,是否能够主动分享知识和经验。(4)关注科技人才在科技项目中的协作表现,即评估其是否能够与团队成员协同工作,有效解决团队面临的挑战,以及是否能够适应不同团队成员的工作风格。(5)考察科技人才在团队中的领导力,即评估其是否能够在需要时担当领导角色,激励团队成员,推动项目顺利进行,以及是否能够建立积极的团队氛围。这一评价模式有助于全面了解科技人才在团队合作方面的表现,为个体在团队工作中的发展提供有针对性的建议和培训方向。

3.领导力评价模式

科技人才领导力评价模式旨在全面评估个体在科技团队中的领导能力和激励团队成员的能力,具体包括:(1)考察科技人才在项目决策中的表现,包括制定计划、制定战略和解决问题的能力,即评估其对项目决策中的挑战和不确定性的处理能力,以及在关键时刻能否做出明智的决策。(2)评估科技人才对团队成员的激励能力,包括是否能够激发团队成员的激情、提高工作动力,即考察其是否能够识别和满足团队成员的需求,营造积极的团队文化。(3)评估科技人才解决问题的能力,包括分析问题、提出解决方案和执行的能力,即关注其在解决困难问题时的决心和创造性思维,以及解决问题的方法是否能够推动科技团队的发展。(4)评估科技人才在团队合作和沟通方面的表现,包括与团队成员有效协作和传达信息的能力,即关注其与团队成员之间建立良好关系的能力,以及在跨功能和跨团队合作中的协调能力。(5)考察科技人才在推动创新方面的领导力表现,包括鼓励团队提出新想法和尝试创新方法,即评估其是否能够建立创新文化,鼓励团队成员不断挑战传统,推进科技项目。这一评价模式有助于全面了解科技人才在领导力方面的能力,为其在团队中发挥更积极的作用提供指导和发展建议。

(二)定量评价模式

1.项目完成度评价模式

科技人才项目完成度评价模式旨在全面评估个体在科技项目中的执行能力和对项目成果的贡献,具体包括:(1)考察科技人才在过去的科技项目中的实际经验,包括参与的项目类型、规模和项目阶段的经验,即评估其在项目执行中面对的挑战以及取得的成就,以了解其实际应用科技能力的能力。(2)评估科技人才在项目中取得的成果是否具有可衡量性,即项目成果是否能够被量化、评估,以便有效地证明项目的成功与贡献。(3)考察其在项目中设置的明确目标,以及是否能够根据这些目标实现项目成果的可度量性。(4)关注科技人才的项目是否具有长期影响力,即项目成果是否在科技领域中产生了持久的效果,即评估其在项目中是否考虑了长期的可持续性,以及项目是否能够适应未来的科技发展趋势。(5)评估科技人才是否积极参与跨学科研究项目,涉足不同领域的科技研究,关注其在跨学科项目中的协作能力和对不同领域知识的整合能力。(6)考察科技人才在项目中是否体现了技术创新,是否有新颖的技术应用,即评估其在项目中是否引入了新技术、新方法,以推动科技的进步和应用。这一评价模式有助于全面了解科技人才在项目完成度方面的实际表现,为其在未来项目中更加有效地发挥作用提供指导和建议。

2.论文发表数量评价模式

科技人才论文发表数量评价模式旨在量化评估个体在科研领域中的学术产出,具体包括:(1)评估科技人才在学术期刊、会议等平台上发表的论文数量,以了解其在科学研究领域的活跃度和贡献度。(2)关注发表数量的年度变化趋势,以了解其学术产出的稳定性和发展态势。(3)考察科技人才发表的论文的质量,包括发表在高影响力期刊上的论文、论文被引用的次数等,以评估其论文在学术界的影响力,确定学术产出的质量。(4)评估科技人才在学术合作方面的表现,包括与其他研究者的合作频率和合作范围。(5)关注其是否积极参与国际性、跨学科的学术合作,以评估其学术影响力。(6)考察科技人才的论文发表涵盖的学科领域,评估其在不同学科领域中的学术产出,以确定其学术多样性和广度。(7)评估科技人才是否在论文中展示出创新性研究思路和方法,是否有引领学科发展的研究成果。(8)关注其是否在学术界推动了新的思想和方向,以确定其在学术创新方面的贡献。这一评价模式有助于全面了解科技人才在学术产出方面的实际表现,为其在学术研究中的发展提供指导和建议。

3.专利申请数量评价模式

科技人才专利申请数量评价模式旨在量化评估个体在知识产权方面的创新贡献,具体包括:(1)评估科技人才在一定时期内提交的专利申请数量,以了解其在科技创新领域的活跃度和专利创新的频率。(2)考察专利申请数量的年度变化趋势,以了解其专利创新的发展态势。

（3）考察科技人才专利的质量，包括专利的技术深度、创新性和实际应用价值。（4）评估其专利是否受到同行的认可，是否在相关领域产生了影响。（5）评估科技人才是否涉足不同领域，是否在跨领域方面有专利创新，即关注其在不同领域中的专利数量和质量，以确定其创新跨领域的能力。（6）评估科技人才专利被其他专利引用的次数，以确定其专利在业界的影响力。（7）考察专利引用的领域和频率，以了解其在相关领域的技术引领地位。（8）评估科技人才的专利在相关行业中的影响力，关注其专利是否被业界采纳和应用，以确定其在行业中的技术地位。这一评价模式有助于全面了解科技人才在专利创新方面的实际表现，为其在知识产权领域的发展提供指导和建议。

二、科技人才评价模式细分类型

（一）创新能力评价模式

1.创新项目独创性评估

科技人才创新项目独创性评估旨在全面衡量个体在科技项目中提出的理念、方法或解决方案的创新性。（1）评估科技人才在创新项目中提出的理念是否具有独创性，包括对问题或挑战的独特看法，与传统思维的区别和突破。（2）考察科技人才在项目中采用的方法和技术是否具有创新性，即评估其是否引入了新的技术手段，是否有不同于常规方法的创新性操作步骤。（3）评估科技人才提出的解决方案是否具有创新性，即关注其在解决问题时是否采用了新的思路，是否提出了行业内尚未存在的解决方案。（4）考察科技人才的创新项目对所在领域的贡献程度，即评估项目是否填补了领域内的空白，是否为该领域带来了新的思想和方向。（5）评估创新项目在相关行业中的影响力，即关注其是否引起了行业的关注和重视，是否为行业发展带来了新的动力。通过综合评估以上要素，可以全面了解科技人才在创新项目中的独创性，为其在科技领域的发展提供有针对性的指导和反馈。

2.问题解决深度和广度评估

科技人才解决问题的深度和广度评估旨在全面衡量个体在面对科技问题时的解决能力。(1)评估科技人才在解决问题时的深度，包括对问题根本原因的分析、深层次思考的能力。考察其是否能够深入挖掘问题的内在机制，提出具有实质性意义的解决方案。考察其在解决问题时的广度，包括对问题全局的把握和综合考虑多个因素的能力。(2)评估其是否能够综合运用多学科知识，考虑问题的多方面因素，提出全面有效的解决方案。(3)评估科技人才是否能够提出创新型的解决方案，即考察其在面对问题时是否能够超越传统思维，提出富有创意的解决方案。(4)考察科技人才在解决复杂问题方面的经验积累，即评估其是否能够借鉴过去的经验，有效应对类似或相关的复杂问题。(5)评估科技人才提出的解决方案是否具有实际应用的可行性，即关注其解决方案在实际场景中的可操作性和效果。通过综合评估以上要素，可以全面了解科技人才解决问题的深度和广度，为其提升解决问题的能力提供指导和反馈。

3.对团队和组织的影响评估

科技人才对团队和组织的影响评估旨在全面衡量个体在团队合作和组织发展中所起到的积极作用。(1)评估科技人才在团队中的合作和协作能力，即考察其与团队成员的关系，是否能够有效地与他人协同工作，解决团队内部的合作难题。(2)考察科技人才在团队中是否表现出良好的领导力，即评估其在团队中是否能够激发团队成员的潜力，推动团队朝着共同目标努力。(3)评估科技人才对实现团队目标的贡献程度,即考察其在项目中的责任心和执行力,是否能够为实现团队目标出一份力。(4)关注科技人才对整个组织发展的推动作用,即评估其在组织层面是否能够提出新的发展方向,推动组织在科技领域的创新和进步。(5)评估科技人才在团队中的知识分享和团队建设方面的表现,即考察其是否能够积极分享科技知识,促进团队的整体学习和发展。通过综合评估以上要素,可以全面了解科技人才对团队和组织的积极影响,为其在团队和组织中更好地发挥作用提供指导和反馈。

(二)团队合作精神评价模式

1.团队合作能力评估

科技人才团队合作能力评估旨在全面衡量个体在团队协作中的能力。(1)评估科技人才在团队中的协作和沟通能力,即考察其是否能够清晰有效地传达信息,理解和回应团队成员的需求和反馈。(2)考察科技人才在团队中所扮演的角色,即评估其是否能够有效地履行团队角色,包括领导、执行、支持等不同的团队协作角色。(3)评估科技人才是否能够跨学科进行有效合作,即考察其在不同学科领域中的协作经验和能力,是否能够整合多学科知识。(4)考察科技人才在团队协作中是否能够有效解决协作难题,即评估其处理团队内部矛盾、沟通障碍等问题的能力,以确保团队的协作效果。(5)评估科技人才在团队中实现共同目标的能力,即考察其是否能够与团队成员紧密协作,达成团队设定的目标和里程碑。通过综合评估以上要素,可以全面了解科技人才在团队合作方面的能力,为其在团队协作中更好地发挥作用提供指导和反馈。

2.沟通能力评估

科技人才沟通能力评估旨在全面衡量个体在科技领域中与他人有

效沟通的能力。(1)评估科技人才是否能够准确、清晰地使用专业术语阐述科技概念,考察其在传达科技信息时是否能够保持准确性和专业性。(2)评估科技人才是否能够根据目标受众的不同,调整沟通方式和语言,考察其在与专业同行、非专业人士和决策者等不同受众之间的沟通灵活性。(3)评估科技人才是否能够运用图表、图像等方式辅助沟通,考察其是否能够通过视觉手段提高沟通效果,使科技信息更易理解。(4)评估科技人才是否能够进行跨学科的沟通,考察其是否能够有效传递科技概念给非本专业的人员,促进不同学科领域的合作。(5)评估科技人才在团队内外的沟通协调能力,考察其在团队内协调成员间的沟通,以及在组织内外与其他团队或合作伙伴的协调沟通能力。通过综合评估以上要素,可以全面了解科技人才在沟通能力方面的优势和提升空间,为其在科技领域中更加有效地与各方沟通提供指导和反馈。

3.对团队目标贡献的评估

科技人才对团队目标的贡献是不可忽视的。(1)考察科技人才是否能通过丰富的专业知识和技能为团队提供坚实的技术支持,推动项目的顺利进行。(2)考察科技人才是否具备创新思维,是否能够为团队带来新的想法和解决方案,从而提升团队的竞争力。他们的创新精神推动着团队不断迭代和进步。(3)考察科技人才在面对技术难题时是否展现出卓越的问题解决能力,是否为团队克服挑战提供关键支持。他们的技术洞察力和解决问题的能力为团队走向成功铺平了道路。(4)考察科技人才对新技术的敏感性,了解其是否能够使团队能够及时跟进行业发展趋势,保持竞争优势。(5)考察科技人才的协作能力。协作能力使得他们能够有效地与团队其他成员合作,促进团队成员之间的良好沟通,共同追求团队目标的实现。通过综合评估以上要素,可以了解科技人才在技术支持、创新思维、问题解决和协作等方面的能力，为其在团队目标的实现中发挥关键作用提供指导和反馈。

（三）领导力评价模式

1.项目决策能力评估

科技人才的项目决策能力评估旨在衡量其能为团队做贡献的能力。（1）评估科技人才是否具有深厚的专业知识和经验，是否能够对项目中的技术细节和挑战做出准确的分析，考察他们是否能够在项目决策中提供有力的技术支持，确保决策的实施能够符合技术要求和标准。（2）评估科技人才是否能在项目决策中展现出创新思维，考察他们是否能够提出新颖的想法和方法，为项目注入活力，推动团队走向前沿。这种创新能力使得项目决策更具前瞻性，有助于团队在竞争激烈的环境中取得优势。（3）评估科技人才在项目决策中是否具备解决问题的能力。面对项目中可能出现的各种技术和操作难题，他们能够迅速而有效地找到解决方案，才能确保项目的顺利推进。（4）评估科技人才在项目决策中的协作和沟通能力。他们需要与团队的其他成员有效合作，确保决策能够得到全面的支持和理解。良好的沟通能力也有助于确保决策的顺利执行，避免信息传递中的误解和偏差。总体而言，综合评估科技人才在项目决策中的技术支持、创新思维、问题解决和协作沟通等方面的能力，可以为团队的成功决策和项目的顺利推进提供坚实的基础。

2.团队激励能力评估

评估科技人才的团队激励能力旨在衡量其在团队中的凝聚力和表现。（1）评估科技人才是否能够识别团队成员的个体贡献，并及时给予肯定和认可。这种能力可以激发团队成员的积极性和工作热情，建立起一种良好的工作氛围。（2）评估科技人才在激励团队时是否能够提供有针对性的职业发展机会。他们了解团队成员的专业技能和职业发展方向，通过为团队成员提供相关的培训和项目机会，激励团队成员不断提升自己的能力，实现个人职业目标。（3）评估科技人才是否能明确传达团队目标。他们能做到清晰地传达团队的目标和愿景，才能使团队成员对工作的方向有清晰的认识。这种明确的团队目标有助于激发团队成员的责任心和使命感。（4）评估科技人才是否能够通过奖励机制激励团队。他们能够建立公正合理的奖励体系，根据团队成员的表现给予相应的奖励，方能增强团队成员的工作动力和满意度。通过综合评估以上要素，可以全面衡量科技人才的团队激励能力，有助于提高团队的凝聚力和执行力，推动团队朝着共同的目标不断努力。

3.解决问题能力评估

科技人才的解决问题能力是其在工作中的核心竞争力之一。（1）评估科技人才是否具备深厚的专业知识和技能，是否能够快速而准确地分析和理解问题的本质。（2）评估科技人才是否展现出创新思维，是否能够提出独特的解决方案。他们不应该局限于传统的解决途径，而是要能够在面对问题时灵活运用知识，寻找新颖的、更高效的解决方案。这种创新型的思维有助于团队在竞争激烈的环境中保持领先地位。（3）考察科技人才在解决问题时是否表现出高效的执行力。他们能够迅速采取行动，制定并实施解决方案，才能确保问题得到及时解决。这种执行力有助于防止问题的进一步扩大，并保障团队和项目的顺利进行。（4）考察科技人才在解决问题时是否展现出良好的团队协作和沟通能力。他们必须能够与团队其他成员紧密合作、分享信息，共同努力解决问题。团队协作有助于科技人才融合不同专业领域的知识，找到全面而有效的解决方案。综合来看，通过是否具备深厚的专业知识、创新思维、高效的执行力和良好的团队协作能力来衡量科技人才的问题解决能力,使他们能够了解自己的能力并进行有针对性的提升,从而在复杂多变的工作环境中迅速应对挑战,为团队和项目的成功作出重要贡献。

(四)项目完成度评价模式

1.实际项目经验评估

评估科技人才的实际项目经验旨在衡量其应对实际挑战的能力。(1)评估科技人才是否通过参与和领导实际项目获得了深厚的实操经验,是否能够更好地理解项目管理的复杂性和变化性。丰富的实践经验使得科技人才能够更灵活地应对各种项目中的挑战和问题。(2)评估科技人才对实际业务环境的深刻理解。科技人才通过项目的实际执行,能够深入了解行业动态、市场需求和客户期望,从而能够在项目中更好地对接实际需求,提供更切合实际情况的解决方案。(3)评估科技人才的问题解决能力。科技人才在项目中面对各种挑战和难题时,通过实践积累了解决问题的方法和经验,能够更迅速地找到切实可行的解决方案。(4)评估科技人才的团队协作和沟通能力。在项目中,科技人才需要与不同背景和专业领域的团队成员协同工作,共同推动项目的成功完成。这种协作经验使得他们能够更好地适应团队合作的要求,有效地沟通和协调各方利益。总的来说,考察科技人才的实际项目经验,通过评估个人的技术水平,以及解决问题、团队协作和业务洞察等多方面的综合能力,能够为其在工作中取得更好的业绩和成就提供指导和反馈。

2.项目成果可衡量性评估

科技人才的项目成果可衡量性是评估其绩效和贡献的重要指标。

（1）项目成果的数量和质量可以直观地衡量科技人才在工作中的产出。例如，完成的项目数量、产品的上线率、技术创新的实际应用等都是可以量化的指标，反映了他们在项目中的实际成果。（2）项目的实施效果和达成的目标是评估科技人才项目成果的重要标准。通过衡量项目的实际效益、客户满意度、市场份额的提升等，可以客观地评估科技人才在项目中所取得的成果对业务的实际推动作用。（3）科技人才对项目成果的技术贡献，包括技术创新、新技术的引入与应用、解决复杂技术难题等方面的贡献，可以更好地了解科技人才在推动技术前沿方面所做出的贡献。（4）科技人才对客观数据的分析和对比，比如在效率提升、成本降低等方面的分析和对比，可以量化项目成果的实际效果。总的来说，科技人才的项目成果可衡量性通过数量、质量、实施效果、技术贡献和客观数据的分析等多个角度进行评估。这种综合性的评估方法有助于全面了解科技人才在项目中的绩效和贡献，为其职业发展提供有力的支持和指导。

3.长期影响评估

科技人才的项目成果长期影响是评估其价值和持续贡献的关键因素。（1）评估项目的持续性，即项目完成后，其成果是否仍然在产生积极的效果。这包括产品的长期可用性、技术解决方案的持续稳定性等。（2）评估项目成果对业务和市场的持久影响。科技人才通过项目可能影响了公司的竞争力、市场地位或者客户满意度，这种长期的积极影响是评估其价值的一个关键指标。（3）评估项目成果中的技术创新和知识转移贡献。如果项目成果能够为公司或者行业带来新的技术标准或者推动其他项目的发展，就能够体现其在长期内的影响力。（4）评估科技人才在项目中所培养的团队成员的技术水平和能力，以及对公司内部技术文化的影响。如果项目的成果不仅仅是一时的成功，而且在人才培养和文化传承方面有持续的影响,那么其价值就更为显著。总体来说,科技人才的项目成果长期影响通过持续性效果、对业务市场的影响、技术创新和知识转移、团队培养和文化传承等多方面进行评估。这种全面的长期影响评估有助于更全面地认识科技人才在项目中的价值和贡献。

(五)论文发表数量评价模式

1.学术论文质量评估

科技人才的学术论文质量评估涉及多个方面。(1)学术论文的质量可以通过其在学术期刊上的发表情况来评估。发表在高水平、有影响力的学术期刊上的论文通常更具学术价值,反映了科技人才在学术领域的研究水平和贡献。(2)学术论文的引用次数也是评估学术论文质量的一个重要指标。如果一篇论文被其他学者广泛引用,说明该论文的研究内容和方法具有较高的影响力和重要性。高引用次数反映了科技人才在学术界产生的深远影响。(3)学术论文的创新性和原创性也是评估质量的关键因素。科技人才的研究是否能够提出新颖的观点、解决重要的问题,以及是否有独特的研究方法,都是评估学术论文质量的重要标准。(4)学术论文的实证研究是否合理、实验设计是否科学、数据分析是否严谨,也是评估质量的关键方面。科技人才的学术研究方法和过程的科学性、可靠性直接关系到论文的学术质量。总体而言,科技人才的学术论文质量可以通过期刊发表情况、引用次数、创新性和原创性、研究方法和数据分析等多个方面进行评估。这种全面的评估有助于全面了解科技人才在学术领域的表现和贡献。

2.学术会议参与评估

科技人才学术会议参与评估可以从多个角度考察其学术活动和专

业交流水平。(1)科技人才参与学术会议的频率是一个重要的指标。若科技人才在一定时间内积极参与多个学术会议，则反映了他们对学术交流和行业动态关注的程度。(2)科技人才参与的学术会议的级别和影响力也是评估的重点。参与国际、全球或领域内有重要影响的学术会议，说明科技人才在学术领域中具备较高的知名度和专业声望。这种参与不仅有助于展示个人研究成果，还有助于拓展学术合作和获取最新的研究动态。(3)科技人才在学术会议中的角色也是评估的关键因素。是否主讲人、组织者、论文评审委员等都能反映科技人才在学术社区中的地位和专业认可度。担任重要角色表明他们在学术界有一定的领导力和专业贡献。(4)科技人才是否能够通过参与学术会议建立广泛的学术网络和合作关系也是评估的考量点。与其他领域专家、同行学者进行深入交流，有助于推动科技人才拓展个人研究的深度和广度。总体来说，科技人才的学术会议参与评估可以从参与频率、学术会议级别、在学术会议中的角色和建立合作关系等多个方面进行考察。这有助于全面了解其在学术领域中的学术活动水平和专业影响力。

3.跨领域研究项目参与评估

科技人才跨领域研究项目参与评估可以从多个方面进行考察。(1)科技人才参与的跨领域研究项目的数量是一个关键指标。科技人才参与多个跨领域研究项目，表明他们具备在不同领域展开研究的能力，并有意愿拓展自己的研究范围。(2)科技人才参与的项目的质量和影响力是评估的重要因素。参与高质量的跨领域研究项目，特别是那些在学术界和实际应用中产生重要影响的项目，反映了科技人才在不同领域取得的卓越成就。项目的影响力则可以通过项目成果的实际应用、论文的引用次数等方面进行评估。(3)科技人才在跨领域研究项目中的角色也是评估的重要指标。是否项目负责人、核心团队成员、协作研究者等角色,反映了他们在项目中的地位和贡献。担任重要角色通常意味着更深度的研究参与和更大的责任。(4)跨领域研究项目是否能够促进不同领域之间的有效合作也是评估点,即考察科技人才是否能够在项目中成功协调和整合来自不同领域的知识,推动团队协同工作,促进跨学科的创新。总体而言,科技人才跨领域研究项目参与评估可以从项目的数量、质量和影响力、担任的角色、合作效果等多个方面进行全面考察,有助于了解其在不同领域间的研究能力和综合素质。

第三节 科技人才评价基础与条件

一、科技人才评价基础

(一)专业知识

1.学历

学历在科技领域中具有重要的指导作用,反映了一个人在特定领域获得基本知识和技能的起点。首先,本科学历通常是科技人才入门的基础。本科学历的科技人才通常具备对领域的基本了解和应用能力,为进一步深造和专业发展奠定了基础。其次,硕士研究生学历代表了在特定领域的深度研究和专业知识的进一步积累。获得硕士学位的科技人才通常在特定领域内有更深入的理解和研究,具备独立开展科学研究和解决问题的能力。最后,博士研究生学历是科技人才专业知识的巅峰体现。博士学位通常要求完成原创性的研究工作,标志着科技人才在特定领域的专业水平。拥有博士学位的科技人才往往在学术界和工业界拥有较高的声望,其研究成果对领域发展产生深远影响。总体而言,学历是科技人才专业知识水平的首要标志,不同层次的学历反映了科技人才在特定领域内的不同层次的学术成就和专业能力。

2.学术背景

学术背景是科技人才专业知识评价的重要方面,对于了解科技人才在特定领域内的学术深度和研究能力至关重要。首先,发表在高水平学术期刊上的论文数量和质量是评估学术背景的关键因素。被同行评议接受发表的论文不仅证明科技人才在学术界的贡献,还反映了其研究成果的学术认可度。其次,积极参与国际、国内学术会议,特别是担任演讲者、组织者或评审委员等角色,能够展示科技人才在学术界的活跃度和专业地位。再次,参与或主持科研项目既是对科技人才学术能力的挑战,也是其在特定领域内实际应用知识和解决问题的机会。项目经历可以反映科技人才在研究领域内的实际贡献和实力。复次,学术背景中的合作关系也是评价的一部分。与其他领域专家、同行学者的合作能够拓宽科技人才的学术网络,促进知识交流和合作研究。最后,科技人才是否拥有相关的专利或者将研究成果成功转化为实际应用,是评估科技人才学术背景对实际产业或社会的影响的重要指标。通过综合考察这些指标,可以更全面地了解科技人才在学术界的活动和贡献,从而更准确地评价其专业知识水平。

3.持续学习

持续学习在科技领域的关键性体现在多个方面。首先,科技领域的发展速度极快,新技术、新理论不断涌现。科技人才只有持续学习,才能及时了解并掌握这些新知识,保持在领域内的前沿地位。其次,持续学习是适应变化和创新的关键。科技领域的变革非常迅速,过去的知识和技能可能很快就会过时,而通过参加培训、研讨会和课程,科技人才可以不断更新自己的技能和知识,更好地适应新的工作要求和技术趋势。再次,积极的学习态度展现了科技人才对自身职业发展的责任心和自我驱动力。持续学习不仅仅是为了应付当前的工作,更是为了保持个人竞争力和在职业生涯中的可持续发展。最后,持续学习还有助于建立广泛的知识体系。跨学科的知识能力使科技人才更具创新性,能够将不同领域的知识融合应用,为解决复杂问题提供更全面的视角。总体而言,持续学习是科技人才在竞争激烈的科技领域中保持竞争力和不断进步的必要手段。这种积极的学习态度对于个体的职业发展和整个行业的创新发展都具有重要的推动作用。

4.综合评估

单一的评价维度可能无法全面反映一个科技人才的实际水平和潜力,综合评估是对科技人才专业知识进行全面了解的关键。首先,学历、学术背景和持续学习各自强调不同的方面,综合评估可以更全面地了解科技人才的专业素养。科技人才可能在学术界有深刻的研究贡献,但如果不具备实际应用的能力,可能在实际项目中表现一般。其次,综合评估可以弥补单一维度评估的不足。科技领域的知识更新非常迅速,仅仅依赖过去的学历和学术背景可能无法准确反映一个人当前的专业水平,持续学习的态度和实际参与的培训活动能够更好地反映科技人才对新知识的接纳和适应能力。再次,综合评估能够更好地挖掘科技人才的创新潜力。创新往往涉及多个领域的交叉,通过考察学科之间的跨界能力和创新项目经历,可以更好地了解科技人才是否具备超越传统边界的创新思维。最后,科技人才不仅需要具备理论知识,还需要能够将知识应用于实际问题的能力,综合评估可以通过学术背景和实际项目经历的结合,更好地了解科技人才在实际应用中的表现。总体而言,综合评估为雇主、招聘者和评估者提供了更全面、更准确的信息,使其能够更准确地判断科技人才的专业素养和适应能力,从而更好地满足科技领域的需求。

(二)学术成果

学术成果是科技人才在学术领域所取得的实际成就,包括发表的论文、参与的科研项目、取得的专利等。这些成果不仅仅是科技人才个体的荣誉,更是其对整个学术界和科研领域的贡献。学术成果的重要性体现在推动学科进步、解决实际问题、促进创新等方面。首先,学术成果推动学科进步。科技人才不断地进行研究和发表论文,能够为特定领域增加新的知识和见解,推动学科的前沿和深度不断发展。其次,学术成果对解决实际问题具有重要意义。科技人才通过研究和实验,可以提出解决实际问题的创新性方法和方案,在应用领域产生实际效益,促进社会、经济或工业领域的发展,从而提高人们的生活质量。最后,学术成果的重要性还体现在促进创新方面。科技人才通过不断地思考和实验,能够产生新的理念、技术和方法,推动创新的发生。这种创新不仅体现在学术领域内,也可以转化为实际的应用,推动产业界的创新和发展,从而促进整个社会的进步。

1.发表的论文

发表的论文在学术成果中扮演着至关重要的角色。首先,发表的论文经过同行评审,意味着专业领域内的同行专家对论文的质量进行了审查。这种认可不仅仅是对科技人才个体的肯定,也是对其对所在研究领域的重要性和贡献的认可。同行评审保证了学术研究的可靠性和可信度,使得学术成果能够真正成为推动学科发展的动力。其次,发表在高水平期刊上的论文具有更大的影响力。高水平期刊通常拥有更广泛的读者群,在其上发表论文不仅可以提高科技人才的学术声望,也可以使其研究成果更容易被其他研究者所引用。这种引用不仅反映了论文在学术界的影响力,也促进了学科内知识的传播和共享。最后,在评估学术成就时,论文的数量和质量都是关键因素。数量反映了科技人才在研究中的持续努力和产出,而质量则体现了研究的深度和创新性。科技人才所发表的论文的数量越多、质量越高,就越能够在学术界和科研领域中占据重要地位。因此,发表的论文不仅是学术成果的量化指标,更是科技人才在学术界建立声望、推动学科发展的关键步骤。

2.参与的科研项目

参与科研项目并取得研究进展是学术成就中不可或缺的一环。这个过程不仅考验科技人才的学术能力,也对其在实际科研工作中的贡献提出了挑战。首先,项目的参与度是评价科技人才学术成就的关键因素之一。积极参与科研项目不仅展示了个体在学术领域的投入程度,也提供了一个让科技人才能够将理论知识转化为实际研究成果的实践平台。项目参与度高的科技人才通常能够在团队中发挥更大的作用,促进项目的顺利进行。其次,能够独立完成项目中的任务是另一个重要的考量因素。这不仅显示了科技人才的独立研究能力,也证明了其在具体研究问题上的专业技能。独立完成的任务通常反映了科技人才在项目中的领导和执行能力,是评价其学术成就的重要指标之一。最后,取得的研究成果是评估科技人才学术成就的最直接体现。这包括在项目中发表的论文、取得的专利、独立完成的实验等。这些成果不仅证明了科技人才在项目中的付出和努力,也对整个学术界和科研领域的发展产生了实际的影响。特别是那些具有实际应用和社会意义的研究进展,更能够彰显科技人才的学术价值。因此,科研项目的参与和取得的研究成果是评价科技人才学术成就的重要指标,反映了其在实际科研工作中的全面素养和贡献。

总的来说，学术成果在推动学科进步、解决实际问题、促进创新等方面发挥着不可替代的作用。它不仅是科技人才个体努力的结果，更是对整个社会和人类知识体系的宝贵贡献。因此，科技人才的学术成果应当得到充分的重视和认可，以激励他们在学术领域持续取得更多的成就。

（三）技术能力

技术能力在科技人才的学术成就中扮演着至关重要的角色。这种能力不仅是在特定领域中取得研究成果的基础，也是实现创新和解决实际问题的关键。首先，编程技能是许多研究领域中不可或缺的一项技术能力。无论是数据科学、人工智能、计算机科学还是其他领域，编程都是进行实验和模拟的基本工具，具备编程技能能够让科技人才更高效地处理和分析数据，实现复杂的模型和算法，推动科研工作向前发展。其次，实验操作技巧同样重要。在生命科学、化学等实验型领域，科技人才需要具备精湛的实验技能，确保实验的准确性和可重复性。这种技巧性的能力直接影响到研究结果的可信度和科研项目的成功与否。总体而言，技术能力是科技人才学术成就的基石，是将理论知识转化为实际成果的关键。只有具备全面的技术素养，科技人才能够更好地适应不同领域的研究需求，展现出在科技创新中的无限潜力。

二、科技人才评价条件

（一）创新能力

创新能力是科技人才学术成就中的关键要素之一，不仅推动个体在学术领域的发展，也对整个科研和技术领域产生深远的影响。首先，创新能力体现在对问题的独立思考。科技人才需要具备发现问题、提出问题的能力，并且能够通过独特的视角和深入的思考，为这些问题找到创新的解决方案。这种独立思考的能力使科技人才能够在已有研究的基础上，引领学科的新方向，取得前所未有的研究成果。其次，创新能力还表现为颠覆性的技术应用。科技人才应该能够将先进的科学理论和技术手段应用于解决实际问题，创造性地解决现实中的挑战。这可能涉及开发新的技术工具、提出新的实验方法，或者是将已有的技术应用于全新的领域。这种颠覆性的技术应用推动了科技领域的发展，使之不断向前迈进。总体而言，创新能力是科技人才学术成就的灵魂，不仅体现在学术研究的深度和广度上，也表现在解决实际问题的创造性方案中。创新能力使科技人才在学术界和工业界中都能够成为引领者和创新者，为社会的进步和发展作出独特的贡献。

（二）团队协作

在当今科研和技术创新的复杂环境中，很少有一个人能够独自完成所有工作，团队协作是科技领域中不可或缺的一项能力。团队协作不仅是完成科研项目的关键，也是推动整个领域向前发展的动力。首先，团队协作能力表现在与他人有效沟通和合作的能力上。科技人才需要能够清晰地表达自己的想法，理解他人的观点，并能够协调不同成员的意见和工作，确保整个团队朝着共同的目标努力。其次，分工合作是团队协作中的重要方面。团队成员通常具有多种专业背景和技能，充分发挥各成员的长处，将会使团队更具效率和创造力。科技人才需要在团队中找到自己的定位，懂得协同工作，以实现更大范围的研究目标。最后，团队协作还表现在知识的共享和交流。通过与团队成员的互动，科技人才能够获取不同领域的知识，拓宽自己的学术视野。这有助于加速科研项目的进展，促使团队取得更为丰硕的研究成果。总体来说，团队协作是推动科技领域发展的关键力量，不仅有助于项目的高效完成，也能够为科技人才提供更广泛的学术和职业发展机会。因此，具备良好的团队协作能力是科技人才不可或缺的素养。

（三）沟通能力

科技人才不仅需要与同行进行深入的学术交流，还需要能够将复杂的科技概念传达给非专业人士，包括政策制定者、企业界人士以及公众，因此沟通能力在科技领域中是不可或缺的一项技能。首先，在同行交流中，科技人才具备有效的沟通能力有助于促进科研合作和知识共享。科技人才能够准确表达自己的研究成果、观点和想法，同时理解和吸收他人的贡献，有助于促进科研成果的共享和合作，推动学科的发展。其次，在向非专业人士传达科技概念时，简明扼要且清晰的表达尤为关键。科技人才可能需要向公众解释复杂的科学原理、技术方法或研究发现，而这往往需要将专业术语转化为易于理解的语言，确保信息被准确传递，并且引发公众对科技的兴趣和理解。最后，沟通能力还在于与团队成员之间的协调和合作。科技项目往往需要跨学科、跨专业的团队协作，而清晰的沟通能力可以帮助团队成员更好地理解彼此的角色和贡献，提高工作效率，推动项目顺利进行。综合来看，沟通能力对于科技人才的学术和职业发展都至关重要。能够以清晰简练的方式传递信息，不仅有助于促进学术交流，也能够更好地将科技的重要性传递给更广泛的人群，推动科技的应用和普及。

第四节　主流科技人才评价模式梳理

一、传统评价模式

传统评价模式主要侧重于评估科技人才的学术成就和研究水平，包括发表的论文数量、影响因子、学术奖项等。这种模式相对较为单一，更注重对个体学术能力的评价，但在全面性和多元性上存在不足。

（一）学术成就评价

学术成就评价是传统评价模式的核心层次之一。在这一层次中，科技人才的学术贡献被量化为一系列指标，以便更准确地衡量其在学术领域的表现。（1）评价一个科技人才的学术成就通常从其发表的论文开始，不仅包括数量的多少，更注重质量，如论文发表的期刊的影响因子、被引用的次数等。（2）发表论文的期刊在学术界的声誉也是一个关键指标。高影响因子期刊的发表更能证明科技人才在学术领域的重要性。（3）参与学术会议并在会议上发表论文是学术交流的一种重要方式，体现了科技人才在学术界的广泛关注和合作。（4）获得学术奖项通常是对个体学术贡献的高度认可，因此也是学术成就评价的一部分。通过这一层次的评价，传统模式力求通过量化指标客观地反映科技人才在学术领域的表现。

（二）研究水平评价

研究水平评价是传统评价模式的另一核心层次。在这一层次中，

157

科技人才的科研能力和实际研究表现成为关注的焦点。（1）主持科研项目是展现科技人才独立研究能力的重要途径。项目的主持情况直接反映了个体在科研领域的领导和组织能力。（2）积极参与各类科研活动是培养科研能力的重要手段。参与科研活动的经历可以体现科技人才在学术交流和合作中的广度。（3）参与大规模研究团队的经历以及对团队的贡献也是评价科技人才研究水平的重要依据。团队协作能力直接影响科技人才在研究中的综合表现。通过研究水平评价，传统模式力求深入挖掘科技人才在实际科研中的经历和能力，从而更全面地了解其科研水平。

（三）学术奖项评价

学术奖项评价作为传统评价模式的一部分，强调通过获得学术奖项来体现科技人才在学术领域的卓越贡献。（1）考察科技人才曾经获得的学术奖项，包括但不限于国家级、地区级、学科领域内的各类奖项。这有助于判断个体在学术界的影响和认可程度。不同奖项的级别和影响力差异巨大，因此评价过程中需要综合考虑奖项的权威性和广泛认可度，高级别的奖项更能证明科技人才在学术领域的卓越地位。（2）关注科技人才获得奖项的数量和频率。多次获奖或在不同领域获奖的情况可能更有利于评价。学术奖项通常与学术水平直接相关，因此获奖情况可以反映科技人才在学术领域的杰出表现。学术奖项评价在传统模式中凸显了对学术贡献的明确认可，但也受到奖项设立的主观性和评价者的主观判断的影响。

（四）继续教育与学术交流评价

继续教育与学术交流评价在传统评价模式中具有重要意义。（1）考察科技人才是否积极参与学术交流,包括参与国际、国内学术会议、进行学术演讲、组织学术活动等。广泛的学术交流有助于拓宽个体的学术视野,促进学术合作。(2)继续教育被视为科技人才不断提升自身知识和技能的途径,因此传统评价模式会关注个体是否参与了相关的继续教育项目,如培训班、研讨会等。(3)考察科技人才是否具备指导研究生的能力。指导研究生是一种传承学术经验和培养新科技人才的方式,因此在评价中占有一席之地。(4)积极的学术交流也反映了科技人才在团队协作中的作用。通过学术交流,个体能够与其他领域的专家、同行建立联系,有助于团队整体水平的提升。继续教育和学术交流还可反映科技人才在自身专业领域和学科发展中的贡献,以及对教育事业的支持和参与。

传统模式立足于全面了解科技人才在学术和研究方面的表现,然而,由于其相对单一的侧重点,逐渐显露出无法全面评估科技人才多元能力的不足。

二、综合评价模式

综合评价模式通过考察科技人才的研究能力、创新潜力、团队协作等多个方面,形成一个更全面的评价体系。这种模式强调科技人才的多元评估,更符合科技研究的复杂性。

(一)研究能力评价

研究能力评价在综合评价模式中仍然是一个关键层次。(1)考察科技人才是否积极参与科研项目,并在其中扮演着重要角色。同时,主持科研项目是该层次的重要指标,反映了个体在研究领域的领导力和独立研究的能力。（2）关注科技人才的科研成果在实际应用中的价值。这包括科技成果是否能够成功转化为实际应用，解决实际问题，以及对相关领域的推动作用。实际应用价值是研究能力评价的一个关键方面。（3）关注科技人才是否积极参与学术交流和合作。科技人才是否在学术会议上发表论文、参与学术活动，以及是否与国内外同行进行合作，都是评价研究能力的重要因素。这反映了其在学术社区中的积极参与和影响力。（4）评估科技人才在研究团队中的贡献。这不仅仅关注个体的研究能力，还强调其在团队协作中的作用，包括对团队目标的贡献和推动。通过这些方面的综合考察，研究能力的评价更加全面和深入，有助于准确地了解科技人才在实际研究中的表现和影响。

（二）创新潜力评价

创新潜力评价在综合评价模式中占据着独特而关键的位置。（1）关注科技人才对新思路和新方法的接受程度以及是否能够将其应用于实际研究中。科技人才是否能够在科研过程中主动尝试并采纳新颖的研究思路和方法，体现了其创新潜力的一面。（2）考察科技人才在解决问题时的独创性。这包括其是否能够提出独特的解决方案，是否具备独创性的思维和观点。独创性在科技研究中是推动学科进步的重要动力，因此成为创新潜力评价的关键指标。（3）关注科技人才是否能够在学术界提出新颖的观点。这可以通过对其发表的论文、参与的学术讨论等方面进行综合考察。提出新观点是科技人才具备创新潜力的体现之一。（4）在研究设计方面，创新潜力的评价还包括科技人才是否能够设计新颖的实验方案。新颖的实验方案能够为科研工作注入新的动力，推动研究领域的发展，因此成为创新潜力评价的重要衡量标准。通过这些方面的评价,创新潜力的层次得到了全面而深入的考察,有助于准确地了解科技人才在创新方面的潜力和优势。

(三)团队协作评价

团队协作评价是一项关键任务,直接关系到整体绩效和成果。(1)考虑每个成员在团队中的角色定位和发挥的作用。这不仅包括技术能力,还包括沟通、领导力等软技能。团队成员是否能够充分发挥各自优势,协同合作,是评价的关键点之一。团队内部的沟通是否顺畅,成员之间是否能够有效地交流和协调,直接影响到项目的推进和结果的质量。团队成员之间的信任和合作精神是团队协作评价的重要指标,通过项目中的实际表现来进行综合评估。(2)对团队目标的贡献是另一个需要重点关注的方面。每个团队成员对整体目标的认同程度以及为实现目标所付出的努力都应该被纳入评价范围。团队的协作能力体现在成员们共同努力、共同奋斗的过程中,而这种共同奋斗的精神往往可以通过团队项目的表现和合作历史来得以体现和评估。通过全面考察团队在项目中的表现、成员之间的协作关系以及对团队目标的贡献,可以更全面地评价团队的整体协作能力。这种评价模式有助于发现团队的优势和不足,为团队的持续发展提供有力的支持。

(四)全面性评价

全面性评价是一种更为全面、细致入微的科技人才评价方法。它关注科技人才的多个方面,从而更准确地描绘其整体素质和潜力。首先,技术能力是其中的重要组成部分。评价者会深入了解科技人才在专业领域的技术熟练程度、创新能力和问题解决能力等。此外,全面性评价还会考察科技人才的沟通和团队协作能力。这包括其与同事、领导以及其他部门的合作情况，以及在团队中发挥的作用。这对于科技人才在真实工作环境中的表现提供了更全面的了解。领导力和管理能力也是全面性评价中的关键因素。科技人才是否具备领导团队、推动项目前进的能力，以及是否能够有效地管理资源和解决困难，都会在评价中得到体现。更深层次的评价可能还涉及创新思维、问题解决能力、学习和适应能力等方面。这种全面性的评价有助于发现科技人才的潜力和发展空间，为其提供更有针对性的发展建议。总体而言，全面性评价模式能够更全面、全方位地了解科技人才的优势和不足，为其职业发展提供更有深度的指导和支持。这种方法有助于建立更科学、客观的评价体系，推动科技人才的全面发展。

综合评价模式通过多元、全面的考察，更好地反映了科技人才在科研领域的综合素质，有助于更全面地了解和选拔卓越的科技人才。

三、动态评价模式

动态评价模式是一种注重科技人才在其职业生涯不同阶段的发展变化的评价方法。这种模式通过定期的评估和跟踪，以及根据科研领域的动态性调整评价标准，能够更好地适应科技领域的快速发展。

（一）入门阶段评价（初级科研人员）

入门阶段的评价主要集中在初级科研人员的学科基础和实际应用能力上。首先，对于专业知识的掌握，需要考察个体对所学学科的基本理论是否有清晰的了解，并能够灵活运用于实际问题解决中。这包括对相关领域的基础概念、原理和方法的熟练掌握，以及对最新研究动态的了解。其次，对于学科理论的掌握情况，评价个体是否能够深刻理解学科的前沿理论,是否能够将理论知识应用于实际科研项目中,并形成自己的独立见解。在这个阶段,培养创新思维和科研独立性是非常关键的,因此评估个体对学科理论的理解深度和灵活运用的能力是必不可少的。再次,在实际科研项目中,操作技能和实践经验也是评价的重点。个体需要展现出在实验室或项目组中独立进行实验操作的能力,包括对实验仪器的熟练使用、实验方案的设计与优化、实验数据的采集与分析等方面。同时,个体在项目中的表现也需要考虑团队协作能力、解决问题的能力以及对科研工作的责任心和积极性。总体而言,入门阶段评价要全面了解个体在学科基础、理论掌握、操作技能和实践经验等方面的表现,为其在科研道路上的进一步发展提供有针对性的指导和支持。

（二）中级阶段评价

中级阶段的评价更加注重科技人才的研究能力和团队协作能力。首先,对于解决问题的能力的评价,需要考察个体在实际科研项目中面对问题时的应对能力。这包括分析问题的深度、解决问题的方法和步骤、解决问题的效果等方面。个体是否能够在面对困难和挑战时保持冷静,迅速找到解决问题的有效途径,是评价的关键点之一。其次,创新思维的评价也是中级阶段的重要内容。个体是否具备独立思考和创新的能力,是否能够提出新颖的研究思路和方法,以及是否能够在科研工作中取得创新性成果,都是需要考察的方面。创新思维是科研人才在中级阶段能够跨越的一个重要门槛,评价时要关注个体在研究中是否能够展现出对问题的独特见解和深度思考的能力。再次,在团队协作能力的评价上,个体需要展现与其他科研人员的良好合作态度,包括有效的沟通与协调能力、共同研究项目中的积极贡献等方面。同时,是否具备指导学生的能力也是考察团队协作能力的一个重要方面。个体在团队中是否能够发挥领导作用,促进团队成员的共同进步,对于整个团队的协同效应至关重要。总体而言,中级阶段的评价要求科技人才在研究能力和团队协作能力上取得显著的进展,为其未来在科研领域的更高质量发展打下坚实基础。

（三）高级阶段评价

高级阶段的评价主要着眼于科技人才在学术界的影响力以及在科研项目管理方面的能力。首先,对学术影响力的评价包括个体在高水平期刊上发表论文的数量和质量、参与国际学术会议的频率和贡献等方面。高级科研人才应当在学术研究中取得显著的成果,其发表的论文应该在学术界产生较大的影响,对学科领域的发展有一定的推动作用。其次,对科研项目管理能力的评价是高级阶段评价的关键。这包括主持或参与的科研项目的规模和质量、项目预算的控制、团队管理的效果等方面。个体是否能够有效领导团队、合理分配资源、保证项目的进度和质量,是评价项目管理能力的重要指标。此外,高级科研人才还应该具备与相关单位、企业等进行合作的能力,推动科研成果的产业化和应用。最后,在高级阶段的评价中,还需要考察个体的学术领导力和指导学生的能力。是否能够培养出一批有潜力的科研人才,推动学科领域的研究和发展,对于评价科技人才的综合水平具有重要意义。总体而言,高级阶段的评价要求科技人才在学术研究和科研项目管理方面取得显著的成就,为学科领域的不断发展和推动科研成果的应用作出贡献。

（四）领军阶段评价

领军阶段的评价更加注重个体在科技创新和领导力方面的卓越表

现,以及在社会上的广泛影响力。首先,对科技创新领导力的评价包括个体在推动科技创新、引领学科领域发展方面的能力。领军人才应该具备独特的创新思维,能够提出具有前瞻性和颠覆性的科研方向,引领学科的发展方向,并在科研领域取得国际领先的研究成果。其次,社会影响力的评价涵盖个体在社会上的贡献,包括:对产业发展的推动作用,通过将科研成果转化为实际应用,推动相关产业的发展;对社会问题的解决,通过科技手段解决社会面临的重大问题。个体在社会上的声望和影响力是评价其综合水平的一个重要指标。最后,在领军阶段,团队管理和培养人才的能力也是关键的评价内容。领军人才应该具备卓越的团队领导力,能够建立并管理高效协作的科研团队,培养出一批有潜力的科研人才,推动整个领域的发展。总体而言,领军阶段的评价要求科技人才在科技创新、领导力和社会贡献等方面取得卓越的成就,对学科领域和社会产生深远的影响。这是科技人才职业生涯中的最高阶段,对其的评价标准也更为严格和全面。

（五）持续学习与发展评价

在持续学习与发展的评价中,关注科技人才在不同阶段的学习态度和实践是至关重要的。首先,评估个体是否持续参与各类培训、学术交流和专业活动,以更新自己的知识和技能。这包括参加学术会议、研讨会、培训课程等,以及积极阅读最新的研究文献。持续学习是科技人才保持竞争力的关键因素,评价时要关注个体是否保持对新知识的敏感性,并能够将其应用于实际工作中。其次,评价个体的职业发展规划和实施。科技人才需要具备对自身职业发展方向的清晰认识,并采取有效的措施去实现这些目标。评价时要考察个体是否有明确的职业规划,是否能够在职业生涯中不断调整和优化这个规划,以适应不同阶段的发展需求。最后，还需要考察个体在团队合作和知识分享方面的作用，包括是否能够分享自己的学习经验和专业知识，帮助团队中其他成员共同提升。总体而言，持续学习与发展的评价旨在了解科技人才在不同阶段是否能够保持对新知识的学习热情，并能够将学到的知识有效地应用于实际工作中，以不断提升自身的综合素质和竞争力。

动态评价模式能够更全面地了解科技人才在其职业生涯中的发展状况，并根据评价结果为其提供个性化的发展建议和支持。这种灵活的评价方法有助于更好地适应科技领域的不断变化和创新。

四、创新评价模式

创新评价模式突出科技人才的创新潜力和创造性，不仅关注其已有的研究成果，还注重对新思路、新方法的接受和应用。这种模式更加强调科技人才在解决问题时的独创性。

（一）创新思维评价

在创新思维的评价中，首先，考虑科技人才在问题解决和研究设计中是否展现了独创性思维。这包括对问题的独特见解、新颖观点以及对传统方法的创新性改进。科技人才在评价中需要展现对问题的深度思考和对解决方案的创造性设计。其次，还应关注科技人才表达创新思维的能力。这包括清晰地沟通和传达新的科技理念，无论是通过口头表达还是书面表达。清晰的表达能力有助于将创新思维传递给其他人，促进团队合作和学科领域的共同进步。最后，在评价创新思维时，也应该关注科技人才对风险的接受程度和对失败的处理能力。创新往往伴随着不确定性和风险，评价时需要考察个体是否具备勇于尝试新方法、接受失败并从中学习的勇气和韧性。总体而言,创新思维评价旨在了解科技人才是否能够在科研和问题解决中展现出独创性和前瞻性的思考,以及是否能够有效地传达和分享这些创新思维。

（二）新方法应用能力评价

在新方法应用能力的评价中,首先,考察科技人才对新技术和方法的接受程度,包括对新方法的学习速度、对新技术的敏感性,以及对创新理念的理解程度。科技人才需要展现对新方法的积极态度和对科技进步的敏感性,以保持竞争力和领先地位。其次,评价关注科技人才能否将新方法灵活运用到实际研究中,包括在具体研究项目中如何选择、整合和应用新方法,以提高研究效率和结果质量。科技人才需要展现在实际操作中对新方法的熟练应用,以解决实际问题和推动研究的深入发展。重点关注新方法在实际应用中的效果,包括新方法是否能够带来研究成果的创新性和实用性,以及是否能够通过新方法取得具体的社会效益。最后,还要考察科技人才是否能够促进新方法的推广和应用,包括是否具备将新方法推广到团队或领域内的能力。科技人才的影响力和领导力在新方法的推广和应用过程中起到关键作用。总体而言,新方法应用能力的评价旨在了解科技人才对新技术的适应能力、灵活运用新方法的能力以及在实际应用中取得的成果和社会效益。

（三）问题解决创新性评价

问题解决创新性评价主要关注科技人才在面对科研难题时的解决方案是否具有独特性和创新性。首先,考察个体在面对问题时是否能够提出超越传统思维的解决方案,包括对问题的独特见解、对现有方法的创新改进以及对新方法的应用等。其次,关注创新解决方案在实际问题中的应用潜力。个体提出的解决方案是否能够在实际应用中产生显著的效果，解决现实中的复杂挑战，是评价的一个重要指标。科技人才的创新解决方案应该具备一定的实用性和可操作性，能够为解决现实问题提供有效的途径。最后，考察科技人才是否具备跨学科的思维能力，是否能够将不同领域的知识和方法有机结合，提出更全面和创新的解决方案。在复杂的科研问题中，跨学科的思维往往能够带来更为深刻的洞察和更具前瞻性的解决方案。总体而言，问题解决创新性评价旨在了解科技人才在面对科研难题时是否能够展现出独特的创新思维，并通过具有创新性的解决方案在实际问题中取得显著的应用效果。

（四）团队协作与创新评价

在团队协作与创新的评价中，首先，考察科技人才在团队中的创新引导，包括个体是否能够激发团队成员的创新潜力，并通过积极的沟通和激励促使团队成员提出新颖的观点和解决方案。科技人才在团队中的创新引导应该体现为引领和鼓励团队成员探索新思路、尝试新方法，并在集体智慧的基础上推动团队取得创新性成果。其次，强调团队内外的合作与交流。科技人才应该在团队内部建立积极的合作氛围，促进不同思想的碰撞和融合。此外，与外部合作伙伴、其他团队或研究机构的有效交流也是评价的重要方面。通过与外部的广泛交流，科技人才能够获取更多新的思路和方法，从而推动创新的发展。最后，关注科技人才是否具备有效的团队管理和领导能力。个体在团队中是否能够发挥领导作用，激发团队成员的积极性和创造力，是评价的一个重要标准。团队协作中的领导者需要具备有效的沟通、协调和决策能力，以确保团队向着创新的目标共同努力。总体而言，团队协作与创新评价旨在了解科技人才在团队中的创新作用，以及通过团队合作和交流推动创新的发展。

（五）创新项目管理能力评价

创新项目管理能力的评价着重考察科技人才在创新项目中的规划和执行能力。首先，评估个体是否能够明确项目的目标和方向，制订清晰的项目计划，并有效地进行资源分配。科技人才需要在项目规划阶段展现出对整个项目的全局把控能力，确保项目目标的明确性和可行性。其次，关注科技人才对创新项目中可能出现的风险的识别和应对策略。创新项目往往伴随着不确定性和风险，个体需要展现出敏锐的风险识别能力，并制定有效的风险应对策略。这包括在项目执行过程中随时调整和优化项目计划，以适应外部环境的变化。再次，关注科技人才在团队管理和协调方面的能力。个体是否能够有效领导团队，调动团队成员的积极性，协调各方资源，确保项目的高效推进，是创新项目管理能力评价的重要内容。最后，在创新项目管理能力的评价中，还需要关注科技人才对项目成果的评估和总结能力。科技人才应该具备对项目成果的深度分析和总结的能力，以便从项目经验中吸取教训，为未来的创新项目提供更为有效的管理经验。总体而言，创新项目管理能力的评价旨在了解科技人才在创新项目中的规划和执行能力，以及对项目风险的敏感性和应对策略。

创新评价模式能够更细致地了解科技人才在创新潜力和创造性方面的表现，为个体在不同阶段提供有针对性的发展建议和支持。这种评价方法有助于挖掘和培养科技领域中的创新人才。

五、团队评价模式

团队评价模式是一种从团队协作的角度出发，全面考察科技人才在团队中的作用、领导力和团队成果的评价方法。

（一）个体协作能力评价

在个体协作能力的评价中，首先，考察科技人才在团队中的沟通能力，包括个体是否能够有效地表达自己的观点、想法和意见，以及是否具备倾听和理解他人观点的能力。沟通能力是协作的基础，对于团队内部的信息流动和协同工作至关重要。其次，评估个体在协作中是否展现积极的合作态度。个体是否能够主动参与团队活动、分享资源和知识，以及是否愿意协助他人解决问题，都是评价协作能力的重要方面。积极的合作态度有助于提升团队协同效果，推动整个团队向共同目标努力。再次，关注个体是否能够与团队成员和谐相处也是协作能力评价的一项内容。个体在团队中的人际关系是否良好，是否能够有效处理团队内部的冲突，对于团队协作和合作的顺利进行有着直接影响。最后，还需要关注个体在团队中的角色和责任承担能力。科技人才是否能够在协作中承担适当的责任，积极履行自己的职责，对团队目标的实现作出贡献，是评价个体协作能力的关键点之一。总体而言，个体协作能力的评价旨在了解科技人才在团队中的沟通、合作和人际关系方面的表现，以确保团队内部的和谐协作，推动团队向成功的方向发展。

（二）领导力与团队角色评价

在领导力与团队角色的评价中，首先，评估科技人才在团队中展现的领导潜力,包括个体是否具备领导团队达成目标的能力,能否制定清晰的团队目标并有效地组织团队成员共同努力。领导力涵盖了对团队愿景的设定、激发团队成员的积极性以及协调资源的能力。其次,需要考察个体在团队中扮演的角色。科技人才在团队中可能担任领导、执行者、协调者等不同角色。评价时要关注个体是否能够适应不同的团队角色,发挥自己的优势,协同合作,确保团队内部分工协作的顺畅性。在复杂的团队环境中,个体应当具备灵活的团队角色转换能力,以适应不同阶段和任务的需求。最后,考察个体是否能够激励团队成员,促使他们发挥最佳水平。科技人才需要具备有效的激励手段,包括认可、奖励和有效的沟通,以激发团队成员的积极性和创造力。总体而言,领导力与团队角色的评价旨在了解科技人才在团队中的组织和激励能力,以及是否能够在团队协作中扮演不同的角色,确保团队协同效果的最大化。

（三）团队目标达成评价

在团队目标达成的评价中,首先,考察团队成员在制定团队目标和执行过程中的贡献。这包括个体在团队目标制定阶段的积极参与,提出具体、可行的目标,并在执行阶段承担相应的任务和责任。个体在目标制定和执行中的积极贡献是团队达成目标的基础。其次,关注团队是否能够按时达成制定的目标。这包括对团队整体绩效的评估,以及团队成果的数量和质量等方面。团队目标达成的评价不仅要关注目标的完成情况,还要考察团队在执行过程中是否出现了协同问题,以及是否能够及时调整和解决这些问题。再次,关注团队的合作效能,即团队成员在合作中的协同效果。科技人才需要展现出在团队合作中的高效沟通、有效协作和资源共享的能力,确保整个团队能够协同合作,共同朝着团队目标努力。最后,在团队目标达成的评价中,也应考察团队成员是否具备自我管理和团队协作的能力，以及是否能够适应不同的团队环境和任务要求。总体而言，团队目标达成的评价旨在了解团队成员在目标制定和执行中的贡献，以及团队的整体协同效能，确保团队能够按时高效地达成制定的目标。

(四)问题解决与创新评价

在问题解决与创新的评价中，首先，考察团队成员在面对问题时的解决能力，包括个体是否能够迅速而有效地识别问题、分析问题，并提出切实可行的解决方案。问题解决能力是团队成员在面对挑战和困难时的核心素养，直接影响团队的绩效和成果。其次，关注团队协作中是否能够共同找到创新性的解决方案。团队成员是否具备创新意识，愿意尝试新的方法和思维方式，是评价的关键点之一。创新的解决方案通常需要团队成员共同合作，充分发挥团队的集体智慧，因此评价中要关注团队成员在创新思维和方法上的共享和协同。再次，考察个体对团队目标的贡献。科技人才在问题解决和创新中的表现不仅仅关注个体能力，还要关注个体如何有效地将自己的能力和创新思维贡献到整个团队的目标中，确保团队朝着创新目标共同努力。最后，在问题解决与创新的评价中，也要注重团队成员对失败的处理能力。团队成员是否能够从失败中吸取经验教训，调整方法和策略，是创新过程中不可忽视的一部分。总体而言，问题解决与创新的评价旨在了解团队成员在解决实际问题和推动团队创新方面的能力和表现。

(五)团队文化与合作评价

在团队文化与合作的评价中，首先，考察个体在建设和维护团队文化方面的贡献。团队文化是团队内部的共同价值观、信仰和工作方式的集合,对于团队的凝聚力和协同效能有着重要影响。科技人才应该在团队中展现出积极向上的工作态度,促使团队形成积极的文化氛围,鼓励团队成员共同追求团队目标。其次,考察团队成员的协作能力,包括在多样性团队中的合作和融洽程度。团队成员是否能够在团队合作中有效沟通、协调和支持,尊重和欣赏团队成员的多样性,是协作能力的关键指标。协作能力的提升有助于团队更好地应对复杂的问题,推动团队朝着共同目标前进。再次,关注个体在团队中的团队角色和责任承担能力。科技人才是否能够在团队中承担适当的责任,积极履行自己的职责,对团队的协同效果至关重要。最后,在团队文化与合作的评价中,也要注重团队成员对团队氛围的建设和维护。个体是否能够促使团队形成融洽的工作氛围,营造积极的团队文化,是团队协同效能的一个关键因素。总体而言,团队文化与合作评价旨在了解个体在团队中的文化建设和协作方面的贡献,以确保团队拥有积极向上的文化氛围,促使团队成员更好地协同工作。

团队评价模式能够更全面地了解科技人才在团队中的角色和贡献,有助于建设更强大、高效的科研团队。这种评价方法有助于发现团队内个体的优势和潜力,促进团队的协作与创新。

第五节　科技人才评价的创新趋势

科技人才评价的模式创新是为了更全面、精准地评估科技人才的能力和潜力。这种创新可以涵盖多个方面,包括评价指标的设计、评价方法的改进以及适应不同科技领域特点的定制化评价等。

一、评价指标的设计创新

随着科技领域的不断演变,传统的评价指标已经不能完全满足对科技人才的全面评估需求。创新的评价指标的引入确实是一个积极的方向,能够更准确地反映科技人才在实际工作中的表现和能力。首先,创新能力作为评价指标是非常合理的。在科技领域,独立思考和创新解决问题是至关重要的。一个科技人才是否能够提出独特的研究问题、采用创新的方法,直接关系到其在学术界和工业界的竞争力和影响力。其次,团队协作能力的纳入是对科技人才综合素质的更全面考量。科技研究往往需要团队的协同努力,而团队协作能力体现了个体在团队中的角色定位、沟通协调和共同目标达成的能力。这在多学科合作、国际合作等项目中尤为重要。最后,实际应用能力的加入更符合科技成果转化的需求。科技人才不仅仅是追求理论上的突破,更需要关注研究成果在实际中的应用和影响。实际应用能力的评估有助于更好地理解科技人才对社会和产业的贡献。创新评价指标能够更全面、多维度地评估科技人才的能力水平,不仅有助于发现和培养具有全面素质的科技人才,也能够更好地满足科技领域的发展需求。随着科技的不断进步,评价指标的不断创新也将是一个持续发展的过程。

二、评价方法的改进创新

评价方法的改进同样至关重要,特别是在科技领域这个注重实践和创新的领域。传统的面试和考试可能无法全面准确地评估科技人才的实际水平和应对实际问题的能力。首先,项目展示是一个很好的评价方法。通过要求科技人才展示他们参与的科研项目,包括项目的设计、实施、成果等方面,评审人可以更直观地了解到科技人才在实际工作中的能力和贡献,从而更有助于全面评估其水平。其次,实际案例分析是另一种有利的评价方法。通过分析科技人才在过去的实际项目中遇到的问题、解决方案的设计和实施,评审人员可以更好地了解其分析问题和解决问题的能力。这种方法更贴近实际工作情境,能够更全面地了解科技人才的实际水平。最后,技术演示或模拟实验也是一种创新的评价方法。通过要求科技人才在实验室或虚拟环境中展示他们的实验技能和应对复杂技术问题的能力,评审人员可以更加直观地了解他们的实际操作水平。这些综合性的评价方法更能够在实际情境中考察科技人才的综合素质,使评价更为准确和全面。这种改进不仅有助于选拔更符合实际需求的科技人才,也能够激励科技人才更注重实践和创新,提高其实际应用能力。

三、定制化评价模式的推广

不同科技领域有着不同的特点和要求,因此评价模式需要有一定的定制性。创新的模式可以通过深入了解特定领域的需求,设计符合该领域特点的评价体系。

(一)科技领域的多样性

科技领域的多样性是评价模式定制化的一个关键因素。不同领域在研究方法、问题解决方式以及技术应用上都有着独特的特点,因此,一个通用的评价模式可能无法充分满足各个领域的需求。首先,不同科技领域的研究方法和技术要求差异巨大。例如,在人工智能领域,可能更强调算法设计和模型优化；而在生物技术领域，实验技能和生物信息学的应用可能更为关键。因此，评价模式需要根据具体领域的特点，重点考察相应的技术能力和方法应用。其次，问题解决方式的多样性也是一个挑战。不同科技领域可能面临截然不同的问题，解决这些问题可能需要不同的思维方式和创新方法。评价模式需要能够反映出科技人才在解决具体领域问题时的独特能力和洞察力。最后，技术应用的不同也需要在评价模式中得到充分考虑。一些领域可能更加强调基础研究，而另一些领域可能更侧重于技术创新和应用。因此，评价模式需要根据具体领域的应用需求，考察科技人才在实际应用中的能力和影响力。定制化评价模式的推广需要充分认识到科技领域的多样性，了解每个领域的独特需求。只有在考虑到这些差异的基础上，评价模式才能更贴近实际情境，更准确地评估科技人才的能力水平。

（二）深入了解特定领域的需求

要设计出创新的评价模式，深入了解特定领域的需求是至关重要的一步。这需要与业内专业人士、企业代表等进行紧密的沟通与合作，以获取对该领域的深刻理解，并了解前沿技术、关键挑战以及研究热点等方面的信息。首先，与领域内专业人士的沟通是关键。了解他们对于该领域人才所需的技能和能力的看法，以及对于未来发展的期望，可以帮助更全面地了解该领域的需求，从而指导评价模式的设计。其次，与企业代表的合作也是重要的一环。了解企业在该领域中对人才的需求和期望，以及他们在实际项目中看重的技能和经验，可以为评价模式提供实际参考，确保评价的实用性和实际意义。举例来说，对于人工智能领域，可能关注算法设计的创新性、在实际项目中的应用效果等方面；而在生物技术领域，可能更加侧重实验设计和生物数据分析等技能。这种有针对性的了解和关注点的设定,可以使评价模式更贴近特定领域的实际需求,更具针对性和实效性。总体而言,深入了解特定领域的需求是创新评价模式设计的基础。只有通过与领域内专业人士和企业的深入沟通与合作,才能更好地捕捉该领域人才的核心素养,为评价模式的创新奠定坚实的基础。

（三）设计符合领域特点的评价体系

设计符合领域特点的评价体系是确保定制化评价模式成功的关键。这一过程涉及多个方面,包括制定相应的评价指标、确定权重和标准,以及建立适应性强的评估方法。首先,评价指标的制定是非常关键的步骤。根据特定领域的需求,明确定义能够全面反映科技人才能力的指标,这些指标需要具体、可衡量,能够准确地反映出人才在该领域的核心能力。其次,确定权重和标准是评价体系的另一个重要环节。不同的指标对于特定领域的重要性是不同的,因此需要根据实际情况确定权重,确保评价的合理性;同时,建立明确的评价标准,使得评价结果更具客观性和可比性。最后,评估方法的建立需要具备适应性。特定领域的科技人才可能会面临多样的任务和项目,因此评估方法需要能够适应不同的工作情境,包括实际项目的模拟、技术演示、实验操作等,以更真实地反映科技人才的实际能力。通过这些步骤,设计出符合领域特点的评价体系,可以更精准地评估科技人才在特定领域的专业能力,提高评价的有效性和可信度,也为科技领域的人才选拔和培养提供更有针对性的指导。

总体而言,定制化评价模式的推广是根据不同科技领域的特点和需求,深度定制科技人才评价的方法和体系。这种创新有助于更准确地反映科技人才的真实水平,促使其更好地适应和推动各自领域的发展。

四、数据分析和人工智能的应用

利用数据分析和人工智能技术，对科技人才的学术成果、项目经验进行更精准的量化和分析，可以帮助评价者更客观地了解科技人才的潜力和特长，提高评价的科学性和客观性。

（一）数据分析在科技人才评价中的作用

数据分析在科技人才评价中具有重要作用。通过收集和分析大量的学术成果数据、项目经验数据等，可以得到更为客观、全面的信息。数据分析不仅能够量化科技人才的学术产出和实际项目成果，还可以发现潜在的趋势和关联，为评价者提供更科学、准确的依据。

（二）人工智能技术的应用

人工智能技术在科技人才评价中的应用进一步提升了评价的智能化水平。机器学习算法可以分析大规模数据，识别学术成果的质量、项目经验的深度等。自然语言处理技术可以帮助处理大量的文本信息，从中提取关键信息。这些技术的应用有助于消除主观因素，提高评价的客观性。

（三）量化和客观性的提升

数据分析和人工智能的应用有助于量化科技人才的表现，从而提高评价的客观性。通过建立量化的指标体系，比如学术论文引用量、项目成果实际应用效果等，可以更精准地度量科技人才在学术和实际项目中的贡献。这种量化的评价方式有助于避免主观评价的不确定性和误差。

（四）个性化评价的可能性

基于数据分析和人工智能技术的应用，还可以实现对科技人才的个性化评价。根据个体的学术兴趣、项目方向等特点，定制化评价指标和权重，使评价更贴近个体的实际情况。这有助于更全面地了解科技人才的潜力和特长，为其在特定领域的发展提供更有针对性的支持。

总体而言，科技人才评价的模式创新需要紧跟科技领域的发展，采用更灵活、多元的评价方式，以更好地满足不同领域科技人才的特定需求。这种创新有助于提高评价的准确性和科学性，促使科技人才更好地发挥其潜力。

第五章 科技人才评价重点案例研究

第一节 国内新型科研机构调研及分析

双一流高校、新型研发机构是国内科研机构的典型性代表，其人才评价体系建设一直以来引领着国内科研机构的人才评价体系建设与发展，本书选取西湖大学、南方科技大学、之江实验室等国内典型大学、科研机构作为国内科研机构人才评价的实证案例。

一、西湖大学人才评价体系

西湖大学（Westlake University）是一所由社会力量举办、国家重点支持的新型研究型大学，按照高起点、小而精、研究型的办学定位，致力于集聚一流师资、打造一流学科、培育一流人才、产出一流成果，努力为国家科教兴国和创新驱动发展战略做贡献。在人才评价上，西湖大学吸收国际知名高校的有益经验，注重人才的创新与实践能力，在人才招聘、晋升考核与科研支持等方面营造有利于人才发展的环境。

（一）人才招聘延揽标准与要求

西湖大学的人才招聘,分为学术人才、专职教学、平台支撑、教学辅助、科研团队、行政服务、博士后、直属机构、其他关联机构等多种岗位类别。本研究以其中的学术人才、专职教学为例,结合截至 2023 年 10 月的官方公开资料与实际访谈资料,从人才招聘延揽角度分析西湖大学的人才招聘评价标准与理念。

第一,学术人才招聘。在学科方向、资质要求、评审流程上有以下方面特色:一是注重多学科交叉与跨领域研究。在西湖大学理学院化学系、工学院、西湖大学应急医学研究中心等发布的招聘信息中,均包含对相关学科、交叉领域的招聘要求,如在化学系学术人才招聘中,包含化学生物学、物理化学等方向。二是注重科研实践与创新能力。西湖大学要求学术人才拥有博士学位、突出的科研成果,以及具有创新性的未来研究计划,同时具备优秀的本科和研究生教学能力,致力于在科学实践和教学中培养多元化和包容性的氛围。三是注重国际知名高校和科研单位的背书。多个学术人才招聘均要求受聘者具备岗位能力所需的国际知名高校履历,如要求长聘教职(主要包括副教授、教授、讲席教授)应聘者应在国际一流高校、科研院所担任终身副教授以上或相当职务,具有国际一流的学术水平;准聘教职(主要包括助理教授、副教授)应聘人学术水平和资历应达到担任国际知名高校助理教授或副教授职务的相应标准。四是注重学术推荐。西湖大学多个院系要求准聘助理教授岗位的申请人须提交 3 封推荐信。

第二,专职教学人才招聘。一是强调价值理念的契合。多个专职教学人才招聘均强调"认同西湖大学办学理念,了解西湖大学定位和办学特色",表明西湖大学在直接面向学生的岗位上,尤其强调与自身办学理念的契合,以保持学校特色和传统的延续。如曾有西湖大学研究员在采访中表示,其加入西湖大学的重要原因之一是认可学校传递的价值观。二是注重教育背景,但未设置硬性门槛。在化学教师、思政教师、生物教师等专职教学岗位招聘中,均要求应聘人员应有国内外一流大学的学习或工作经历,但未明确"一流大学"的标准或名单。三是部分岗位要求受聘人具备英文授课能力。这与西湖大学办学注重国际交流、注重面向国际合作的宗旨相符合。

第三,过程考察与能力要求。根据对于多位受聘任职于西湖大学的教职工的访问调研,西湖大学在上述学术人才、专职教学岗位的招聘中,在招聘启事所列基本流程基础上,重点设置申请材料审查、学术面试、互动交流等环节。据介绍,在互动交流环节,设置有一对一聊天,以及对于研究方向的提纲式谈话。

(二)人才晋升考核标准与要求

高校人才晋升包括多个环节,具体标准根据职位、职级要求有所不同。其中,如何取得"tenure",即终身教职,是衡量该校人才评价体系的关键。tenure是大学和研究机构中常见的一种聘任方式。其基本含义是,对于一定级别的学术研究人员,他/她在正常退休前都能有稳定的职位。除了个别极端情况外,研究人员都不会被所在单位解聘。这一制度使研究人员能够心无旁骛地从事学术研究,堪称学术自由的"压舱石",也是美国等国家研究型大学崛起的重要原因。

19世纪60年代,美国在吸引研究人才时,创建了全国性的教师和学生分类系统,并且开始采用基于研究质量的内部评估系统,并在此基础上诞生了终身教职制度。从诞生的根源来看,终身教职是美国学校对于教职"不稳定性"的一种奖励,使得终身教职员工不需要通过可能损害科研水平的方式保护工作。该制度促进了美国顶尖高校的良性循环——以资源投入有效激励学术研究，并吸引优秀学生和资金用于进一步的改革。美国终身教授的起点是博士学位，在若干年的博士后研究之后有望被聘为助理教授，助理教授大约 5～6 年后（各州不同）可提升为副教授。副教授可获得永久教授资格，不会被解聘。担任副教授五年左右（各州不同），可被提升为正教授。

美国绝大多数高校对终身教职的评价不设置比例或名额，只要助理教授达到了公认的水平就会授予，其对公平性的约束主要依赖学术自律和同行认可。目前，终身教职制度也被引入中国高校。但在实施过程中，不少国内高校将终身教职制度的重点放在了"非升即走"，而非对于学术自由、创新质量的保护。相比之下，西湖大学在终身教职的评价上更加接近这一制度的初衷，强调对于学术水平的考量。在 2020 年浦江创新论坛全体大会上，西湖大学领导认为该校终身副教授评价标准是："在西湖大学 6 年以后要评终身副教授，不是看有多少篇文章、多少引用率、多少影响因子，而是你能否讲好一个故事，如果离开你的贡献，你的领域会不会出现一个缝隙无法愈合。"来自复旦大学等高校的学者认为，这一做法减少了科研工作者为在短时间内拿到"看得见"的成果而从事热门研究，与原始创新擦肩而过的风险。

（三）其他人才激励标准与要求

西湖大学对于获聘科研人员承诺开出有竞争力的薪酬待遇，并在住房、健康保险、子女入学等方面提供一系列福利。此外，根据访问调研，西湖大学对科研与行政支持的定位、对成果转化的支持，是多位受访教职工选择加入西湖大学的主要影响因素。一方面，西湖大学的行政支持对于科研是服务而非管理，减轻了科研人员在报销等事务上的负担。另一方面，西湖大学配套有包括资金、专利等方面的支持，帮助科研人员进行成果转化。

二、南方科技大学人才评价体系

南方科技大学是深圳市在中国高等教育改革发展的时代背景下创建的一所公办新型研究型大学，入选国家"双一流"建设高校、国家高等教育综合改革试验校、广东省高水平理工科大学、广东省高水平大学。截至 2023 年 10 月的介绍显示，学校设有 8 个二级学院，下设 35 个系（院）、中心，设有 2 个独立教学单位，开设 37 个本科专业；拥有 15 个硕士学位授权一级学科及工程硕士专业学位授权点，获批 7 个博士学位授权点，签约引进教师 1426 人。该校教学科研系列教师 90% 以上具有海外工作经验，60% 以上具有在世界排名前 100 名的大学工作或学习的经历，师资队伍中高层次人才占比超过 40%。

根据南方科技大学官方网站教学科研系列的岗位招聘信息，南方科技大学在人才遴选上关注以下因素：一是注重学术训练和逻辑思维、创新思维。材料系、力学与航天工程系多个研究类岗位招聘要求中，均要求受聘者已接受过严格的研究训练，且具有严谨的逻辑思维和独立解决问题的能力，具有创新思维和创新研究能力。二是要求有较高的英语交流能力，并在相关领域权威国际刊物上发表过有影响力的高水平研究论文。三是强调恪守学术道德、遵从学术规范。

从公开报道来看，南方科技大学尤为重视以原始创新为目标进行人才评价。该校领导在接受媒体采访时表示，南方科技大学希望尽量减少评价尤其是量化评价。其认为，有些面向未来的基础研究，虽然目前看似"无用"，但将来可能会有无穷大的应用前景，不能把评价变成一把庸俗的"尺子"。南方科技大学在原先的教授"准聘长聘制"基础上，加强了自主科研的能力建设。以数学学科为例，该学科正在改进考核和奖励机制，考虑以更长的时间为周期进行滚动考核。在这个周期里，只要最后完成了教学任务，不会每年考察教师的科研成果，而是到期后再去最终考核并考虑长聘，给教师的自由探索以更大的空间。

另据南方科技大学人力资源部负责人介绍，南方科技大学在持续探索人才改革与创新。在人事管理方面，实行员额管理制度、全员聘任制、自主招聘、教师 PI 制（国内新兴的一种科研组织管理模式）和教师队伍"准聘长聘制"，为更好地吸引人才、留住人才、用好人才、服务人才，学校从薪酬、保险、养老和专业化的人才服务团队等方面进行了人事改革和创新。在人才队伍建设与培养方面，加强顶层设计构建现代化大学治理体系，与时俱进不断进行改革创新创建特色学术管理体制，遵循学术科研发展规律做到科学评价，设置科学性的人才评价指标坚持破"五唯"。

南方科技大学利用自身新型研究型大学的优势，借由深圳灵活的政策，通过调整科研模式和人才培养模式，加大了对基础研究的支持。近几年，南方科技大学成立了十余个校级科研机构，针对关键技术和未来技术形成了专门平台和团队攻关模式，这些平台和团队攻关模式的开展为基础研究打下了坚实的基础。

与此同时，根据网上自称供职于南方科技大学的网民反映，南方科技大学在准聘转长聘过程中存在薪酬倒挂现象，引起了教职工群体对于该校调薪机制不公平、不透明等问题的关注。也有其他高校教职工网民表示，类似现象在国内高校普遍存在。

三、之江实验室人才评价体系

之江实验室成立于 2017 年 9 月，是浙江省委、省政府深入实施创新驱动发展战略、探索新型举国体制浙江路径的重大科技创新平台。在人才引进和评价上，之江实验室积极冲破体制机制障碍、突破顶尖人才引育制约，以高水平科技创新支撑高质量发展，努力打造科技创新新型举国体制浙江路径的实践样板。以"一体、两核、多点"的组织架构，全链条"引育评"闭环体系，和科研人员"零负担"的项目管理机制，将实验室打造成为开放型、平台型、枢纽型、人才友好型的新型研发机构。

（一）构建具有之江特色的多元引才机制

一是坚定以实际能力作为选才引才第一标准。第一，强化任务导向，实行全员聘用制。实行以科研任务为导向的全员聘用制，摒弃对人才"帽子"的偏好和依赖。第二，拓展引才通道。探索新型"共享引才"，与国内顶尖高校院所建立联合引才与人才互聘工作机制，推行全职双聘、项目聘用等灵活用人方式；实施多元形式"专项引才"，开设特聘专家、访问学者等通道，对关键领域鼓励团队整体导入、PI 项目整合引进，整合集聚领域内最优质科研力量；建立由实验室领导、中层负责人、工作专员、技术负责人混合组成的职责互补、目标专注、沟通顺畅的引才专班，形成有序的重点模块人才引进的合力机制，激活内部"以才引才"，建立"全员引才"工作模式。第三，强化协调联动。围绕引才质效提升，构建由人力资源委员会统筹指导、研究院人才工作小组深度参与、人才工作办公室全面推进的"三位一体"协同引才机制。第四，体现灵活开放。定制引才"政策包"，对重大战略任务急需、领域稀缺的顶尖人才和特殊人才,采取"一事一议"方式按需支持。第五,聚焦需求突出引才质量。以承担重大任务能力作为选人核心标准,建立优中选优机制,明确责任主体,制订绩效指标考核方案,推进引才绩效考核量化、标准化建设,精准围绕核心领域重大任务搭建"全链条"引才工作体系。

二是建设国际人才网络,形成人才国际竞争比较优势。之江实验室锚定海外人才池,转人才存量竞争为增量补给,积极开拓海外人才资源。第一,运用合作纽带密织海外引才网络。充分利用之江实验室与国际高水平科研机构积累的科研合作基础,与一批国际顶尖高校、研究机构和学会组织建立人才推介合作。第二,创新高效海外引才模式。建立海外引才联络点,建设海外引才基地,积极构建海内外高效联动工作机制,强化海外引才。第三,创建国际化工作生活环境。建立健全国际化工作体系、语言环境和全流程服务保障机制,为海外人才提供融入科研与生活的良好环境。目前,之江实验室具有海外背景人员比例已超三分之一。

(二)建立符合实验室定位与发展需求的人才培养和使用体系

一是坚持人才引领驱动,提高自主培养质量。第一,优化育才工作机制。突出实战育才,加强以育才为导向的科研任务供给,通过系统性、工程化项目淬炼加速人才成长。第二,落实高层次人才育才责任。首席科学家、学术带头人为各领域方向开展战略谋划,通过传帮带机制承担起培养人才的责任并在绩效目标中进行明确。第三,实施专项人才培养工程。分类实施不同侧重点的"启航计划""远航计划""领航计划"等专项人才培养工程,选拔有潜力的高层次人才,给予项目、团队、平台等支持,培养人才后备梯队。第四,营造学科交叉氛围与环境。充分认识当前重大科学突破多产生于交叉领域的规律,通过组建交叉研究中心、跨学科跨中心组建项目团队、促进跨领域学术交流、PI项目"轮岗"等形式，提升在交叉领域孕育重大科学突破的可能性。

二是以重大科研攻关为训练场，构筑梯队式人才培养体系。之江实验室把人才培养作为系统工程长期推进，形成了人才队伍建设闭环工作系统。第一是坚持在重大科研攻关中培养人才。引导高层次人才以组团形式加入重大攻关项目，在重大项目历练中提升能力，对在旗舰项目、重大科研任务中担纲重要角色、取得突出成果的人才，在个人发展上给予重点支持。第二是建立科研和工程发展双路径。针对科研序列强调创新突破、工程序列关注系统实现的性质差异，制定分类岗位职责体系和分类考评机制，打通不同岗位序列间人员的流动通道。第三是构筑梯队式人才发展体系。借鉴航天工程的人才培养机制，建立"青年骨干—技术专家—重大项目负责人—研究中心负责人—首席科学家及总工程师"五类角色发展体系，明确人才素质模型和组织培养关键。第四是强化党建与科研互融互促。充分发挥基层党支部的"战斗堡垒"作用，建设有力的组织体系，组建党员突击队攻克科研关键难题，强化以"科学精神、家国情怀"为核心的价值引领，推动党建与科研互融互促。

三是搭建人才成长平台，加强青年人才培养。第一是鼓励承担重大项目。鼓励青年人才通过承担重大项目快速提升科研能力，对参与承担国家重大任务、作出重要贡献的青年人才给予更多资源支持。第二是支持大胆创新。常态化设立开放课题和青年基金，支持青年人才开展自由探索，对部分"看起来不切实际"的大胆创新提供专项经费支持。第三是搭建高层次学术交流平台。集聚国内外优势资源，举办各类学术论坛及交流活动，为青年人才提供对话顶尖科学家和专家学者的平台和机会。第四是通过深度合作促进人才增量培养。与国内顶尖高校院所开展博士后等人才联合培养,在强化学科建设的同时,发挥之江实验室的科研条件与场景优势,积极培育和输送人才,实现学科建设、人才教育与科研实践一体化发展。

(三)制定符合实验室使命的人才评价和激励机制

之江实验室坚持实行全员绩效考核制度,以质量和贡献为依据制定人才评价与激励。

一是建立科学的评价标准。探索实行科研人员"基础积分制＋考核制"的综合评价方法,以基础积分衡量成果创新质量和实际贡献,以考核反映年度工作任务完成情况及团队贡献、关键行为等;探索人才"帽子"与资源配置、定岗定级、晋职晋级和奖励等脱钩,不把各类人才计划或项目作为人才评价、项目评审的前置条件和主要依据;实行职称与职级双轨运行发展通道,推行代表作评议制和用户评价、市场检验为主的评价体系,建立健全科学人才考评机制。

二是探索设立绩效考评特区。对研究周期较长的前沿基础研究,采取年薪制和延长考核周期等措施,保障人才安心投身基础研究;对于集中攻关项目,探索放宽绩效考评等级约束比例,吸引人才自主加入大项目、全心投入大攻关。

三是建立闭环的绩效管理体系。以创新能力、质量、实效、贡献为导向,在坚持公平、公正评价人才贡献的基础上,兼顾结果与过程、平衡组织与个人需求,实行绩效考核强制比例分布和末位预警淘汰机制;通过绩效目标制定、半年度绩效回顾面谈、绩效结果反馈等加强绩效过程管理,将绩效考评结果应用于职级晋升、职称评聘、绩效奖金等,打破传统科研机构的"铁饭碗"模式,形成能上能下、能进能出的人才流动生态。

四是实行多元化奖励激励。加大对解决重大问题、产出高质量成果和作出实际贡献的激励力度，响应国家号召制定收益向研发团队和转化团队倾斜的成果转化应用激励机制，探索发展成果由全员共享的共同富裕实现机制，综合运用物质激励、荣誉激励、发展激励、生活保障等多元激励方式，为科技创新赋能提质增速。

第二节　国内代表性科创区域案例调研

北京、深圳、杭州是国内具有典型意义的代表性城市，其人才评价情况作为我们了解国内典型性区域人才评价实践具有重要的代表性意义，因此，笔者通过实际调研，对北、深、杭三地的科技人才评价政策实施情况进行了研究。

一、北京海淀区人才评价调研分析

根据《北京市海淀区人才资源统计报告》等统计，依托北京大学、清华大学、中国科学院、百度、腾讯等一众知名高校、科研院所和科技创新企业，截至 2022 年 10 月，海淀区的人才密度达到 80.8％，是全国智力资源最为密集的区域，主要劳动年龄人口受过高等教育的比例为 76.8％，特别是科技创新活跃的中关村海淀园，从业人员受高等教育比例接近 90％。根据科睿唯安发布的"高被引科学家"榜单显示，2021 年海淀区高被引科学家占北京市 84％，比上海、深圳、江苏的总和还多，占全球 3％左右。依托雄厚的人才资本，海淀区在不断完善科技人才评价、发挥人才资源优势上也积累了丰富经验。根据中国人事科学研究院有关研究,结合相关机构信息发布和媒体公开报道,海淀区人才工作主要有以下几方面特点:

(一)坚持和优化党管人才原则,建强人才工作组织机制保障

海淀区在党管人才格局下持续健全区域人才发展治理架构,组织部门牵头抓总,做实做强区人才工作领导小组。制定实施了《海淀区人才工作领导小组工作规则》等一系列规章制度,从机构设置、职责任务、职能分工、会议制度、工作制度等方面加以规范。海淀区将属地街镇纳入全区人才工作体系,还将人才发展治理的重心下移,将中关村壹号园区建设为全市首家人才工作事权下沉试点园区。指导并赋权园区自主开展企业和人才服务对接工作,包括前移工作居住证办理端口,下放人才公租房房源、申请权限和亚太经济合作组织商务旅行卡的受理与初审权限等,推动人才服务提效。

(二)打造"海淀英才""智汇海淀"等人才引育用留治理品牌

2019 年,海淀区升级完善"海淀英才计划"。升级后的"海淀英才计划"扩大了人才支持范围,面向创新领军人才、创业领军人才、科技服务领军人才及青年英才四类人才提高了支持力度和精准度,突出了市场化引才机制。海淀区支持全球顶尖人才开展跨领域、跨学科、大协同的超前研究和创新攻关,提供一事一议的支持和服务;对领军人才、青年英才分别给予每人 100 万元、50 万元的一次性奖励;配套落户、人才公寓、子女教育、医疗保健等服务;全球顶尖人才和创业领军人才可在一定时间内推荐数名团队骨干人才享受相关配套服务;对利用市场化手段引进海内外优秀人才的中介机构及用人单位予以支持,分别给予

最高 100 万元、50 万元的补贴等。

从 2020 年开始，由海淀区人才工作领导小组探索打造的区域人才发展治理新品牌"智汇海淀"人才主题周已经连续举办四届，形成了内容丰富、覆盖面广、惠及度高的海淀人才工作品牌。如在 2023"智汇海淀"人才主题周闭幕式上，海淀区发布《海淀区高层次人才队伍建设工作方案》，将建立高层次人才库、开展"星海人才"认定，并提供区级服务保障，打造支撑中关村科学城建设的各层次人才队伍。具体包括强化政策支持、加强招才引智、增强基层创新力、优化科研环境、加强交流合作、加强人才培养、加强管理服务、加强评价监测等方面，以完善的政策措施、有效的人才交流平台、优质的科研条件和资源、良好的科技成果的转化和应用、完善的高层次人才培养体系、便利的人才服务、科学的评价体系等促进人才招引留用。

（三）完善"创新合伙人"等产才融合发展治理机制

在多元主体协同治理的基础上，海淀区突出其产业资源密集优势，以助力人才实现科技成果产业化为重点，积极发挥人才对产业的支撑引领作用，不断探索产才融合发展在海淀区的生动实践。海淀区赋予辖区内科技人才、高校院所、高新企业、第三方机构等各类科技创新主体"创新合伙人"地位，把分散的、各自为政的、多元化的创新主体组织起来，把世界各地的创新资源整合起来，构建以"创新合伙人"为支撑的"创新雨林"生态。目前，"创新合伙人"计划已被写入《北京市国民经济和社会发展第十四个五年规划和二〇三五年远景目标纲要》。

同时，海淀区的新型研发机构在产才融合中的作用日益凸显。智源人工智能研究院、微芯区块链与边缘计算研究院、量子信息科学研究院、京津冀国家技术创新中心等应运而生，突破人才体制机制障碍，充分发挥人才创新自主权,带动引进和培养一批世界级科技人才和团队在相关领域基础前沿布局方面取得突破,并成为打通产学研资各环节的黏合剂。以智源人工智能研究院为例,其是由北京市科委和海淀区政府推动成立,依托北京大学、清华大学、中国科学院、百度、小米、抖音、美团点评、旷视科技等人工智能领域优势单位共建的新型研发机构。在智源,人才拥有自主选择方向、更改方向的权利,也无须在资助期完成特定数量的论文或专利等成果,但是每年两到三次的小同行分享会和每周多频率的非正式交流,对人才有着更强的督促作用,从而在每一个研究方向内部形成信誉驱动的自主治理体系。以高度开放的双聘制、跨学科人才交流平台和价值观导向下的小同行自治为特色,智源先进的人才发展治理方式使其在短时间内成为产才融合发展的标杆,吸引集聚了一批人工智能产业高端人才。

智源的人才生态在北京具有普遍性,在北京大学、中国科学院大学等辖区内知名高校,在培养年轻科研人员上,从培训机制、促进成果转化、晋升和奖励机制、交流与合作等方面提供尽可能的帮助与支持。在另一家新型科研机构昌平实验室,科研人员们也被给予了充分的信任,从人事到经费的使用方面都有自由和便利。还有国际化的项目经理、专业的 HRBP(human resource business partner,人力资源业务合作伙伴)、知识产权、法务团队为科学家们提供专业的支撑和帮助。昌平实验室有关领导介绍,该实验室把科研攻关能力作为承担科研任务的重要依据,不论资排辈,而是以结果为导向,科研工作做得越好,就可以给予越多的资源支持,让科研人员可以真正做到心无旁骛、专心致志,以此激励科研人员不断创新突破。

(四)丰富央地跨域人才协同治理内容

海淀区将央地跨区域人才协同发展作为构建区域人才发展治理体

系的重要内容和手段,积极做好对驻区央属单位的对接、服务和支撑工作,推动央属人才全面深度参与海淀建设。在人才政策创新方面,海淀区起草制定《关于加快推动央地人才一体化发展的若干措施》,从央地人才联合培养、央地人才交流合作、央属人才激励保障等方面进行了布局,并分别对教育、卫生、文化、农业四大领域中的央地人才合作方式进行了探索。在平台载体建设方面,聚焦基础研究和"卡脖子"技术领域,支持一批顶尖科学家组建一批新型研发机构。加强院士专家工作站、博士后工作站建设,推动央属人才智力资源向企业有效转化。在人才培养开发方面,海淀区围绕移动互联网、大数据、虚拟现实、人工智能等高精尖产业,支持社会培训机构、行业协会、产业联盟等,联合央属高校院所开展订单式人才培养,强化人才培养与使用的衔接,为企业输送优秀产业后备人才。在人才交流对接方面,海淀区依托央地人才交流合作俱乐部,开展科技成果转化、技术与需求对接系列活动。

(五)提升人才发展治理的国际化水平

海淀区以国际人才社区建设为主要抓手,打造符合国际化人才需求的"类海外"环境。在顶层设计上,编制中关村科学城国际人才社区战略规划,明确发展目标、存在问题和建设路径。在硬件建设上,以"中关村大街—成府路·知春路—学院路"沿线 H 形区域为核心,加速打造"三厅一道"特色示范点位。统筹推进国际学校、国际医院、国际公寓建设。在人才服务上,更新发布国际人才服务指南 2.0 版,对涉及外籍人才的商务和创业服务、签证、居留、医疗、子女就学、商务保险和其他生活配套服务进行了全方位的梳理和介绍。

二、深圳南山区人才评价调研分析

南山区是深圳市教育科研基地。2021 年,南山区有国家级高新技术企业 4348 家,占全市总量的 20.7％;全年专利授权量达 56934 件,因此增长 23.0％。辖区内有华为、腾讯等知名科技企业,中国科学院深圳先进技术研究院、中国航空无人系统技术研究院等科研机构,以及深圳大学等高校。目前,深圳凭借强劲的科技创新活力,正在成为全国乃至世界创新人才聚集地。人才吸引力水平研究结果表明,南山区人才吸引力水平不仅显著高于深圳市全市平均水平,而且显著高于上海、广州等国内主要城市平均水平。深圳对于人才的较高吸引力,得益于以下因素:

（一）开放、包容的创新友好型社会环境

"来了就是深圳人"是深圳人才建设的"金字招牌"。有加盟南方科技大学的海外学者在受访中表示,深圳国际化程度越来越高,这让很多专家、学者可以轻松地融入当地的生活和工作,从事更多科研项目。该学者是美国科学院院士、菲尔兹奖获得者、美国艺术与科学院院士、西班牙皇家科学院院士、美国数学学会会员,全球公认的当代最著名的数学家之一。有中国科学院深圳先进技术研究院研究员也认为,其被导师、朋友推荐选择深圳的原因除了专业对口之外,很重要的一点就是"朝气"。同时,其落脚单位深圳先进技术研究院在人才工作方面"非常以人为本,在生活、工作乃至事业发展上做了许多非常细致的工作",这一点的帮助很大。先进技术研究院内部形成了一种有组织、有机制支持的"传帮带",不论是招生、经费申请还是奖项申请等等,"形成了一种文化传承"。

（二）针对顶尖人才的精准靶向支持

近年来，深圳吸引了一大批全球顶尖科学家，其引才注重通过"一事一议""一人一策"政策精准靶向引进顶尖人才，围绕国家重大战略需求，先面向海外遴选引进顶尖科学家，再为科学家量身定制事业平台。以优越的科研环境和广阔的发展空间吸引人才，为顶尖人才提供一展所长的圆梦舞台。如由美国国家科学院外籍院士、美国艺术与科学院外籍院士、美国霍华德休斯医学研究所首届"国际青年科学家"、欧洲分子生物学组织外籍成员颜宁在深圳主持成立的深圳医学科学院，不定编制、不定级别、自主设岗，遵循理事会治理、学术自治原则，是一所全新机制的医学科学院。深圳引进人工智能领域顶尖人才、美国国家工程院外籍院士沈向洋，为其定制粤港澳大湾区数字经济研究院作为干事创业平台，成立 3 年来已引进 400 多名海内外高精尖缺人才。研究院目前与香港科技大学（广州）合作创办了博士联合培养项目实验班，着力培养未来人工智能领域的科技领袖。为支持人才引进，深圳先后挂牌成立 13 家诺贝尔奖（图灵奖）科学家实验室，每个实验室给予最高 1 亿元支持。

（三）以才引才、打造生态，形成聚才内生效应

深圳发挥顶尖人才吸引力，拓宽以才引才新渠道，充分发挥顶尖人才朋友圈、学术圈优势，通过"以才引才"推进形成"滚雪球"式引才效应。大力建设高水平高校和科研院所，搭建高端科技服务平台，构建一流创新生态系统，依托创新平台吸引和培育顶尖高端人才。一方面是建立"以才引才"机制。分领域分类别绘制全球华人院士人才地图等三类精准人才分布地图，提升以才引才精准度。截至 2023 年 8 月，深圳

共聘请 22 位具有海外背景的人才担任"人才大使",近年来协助引进海外人才超 300 名。持续推进"百名海外博士深圳行"等活动,利用欧美同学会、海归协会校友圈等引才,引进海外人才超 6000 名。中国科学院深圳先进技术研究院通过以才引才,80％以上高级职称员工从海外引进。另一方面,强化顶尖人才引领效应。发挥在深海外人才桥梁纽带作用,推动更多海外人才来深创新创业。中国科学院深圳先进技术研究院引进诺奖得主德国科学家厄温·内尔教授建立内尔神经可塑性诺奖实验室,两年吸引 40 余名外籍科学家全职加盟。

（四）对齐国际一流标准进行人才评价

人才引进来后,留得住、用得好才能发挥作用,人才评价是其中的关键环节。以深圳先进技术研究院为样本,深圳人才评价在破"四唯""五唯"上走在前列。致力于建设国际一流工业研究院的深圳先进技术研究院,从选拔人才开始就引入了国际标准的同行评议制度。深圳先进技术研究院所有的高级职称人员引进都需要经过引才单元和研究所的初审。由引才单元根据现有学科布局、科研支撑情况,遴选高质量人才。在综合考虑岗位申请人的教育背景、科研方向、项目经历、科研成果产出的情况下,将候选人在同行业中的科研水平进行横向对比,联合研究所进行候选人遴选。在确定候选人名单后,实施以国际同领域高级职称科研专家为主导,兼顾多学科交叉的同行评议制度,就候选人的科研成果与发展潜力进行综合评议,选拔优质人才。对不同岗位类别、不同学科领域、不同工作性质的人才,深圳先进院也实行差别化评价。

（五）服务至上,营造拴心留人的环境

深圳持续强化"深爱人才,圳等您来"的人才理念,环境聚才,构建覆盖思想、生活、工作的优质人才服务体系。深圳建立"鹏城优才卡"服务体系，人才凭卡可直接办理 23 项便利服务。截至 2023 年 10 月，设立总规模 100 亿元的市人才创新创业基金，为初创期、种子期人才创业项目提供金融支持，首期基金已投 28 亿元，投资项目 187 个。投入1000 亿元设立人才安居集团，专责筹集建设人才住房，让人才"心有所安"。以立法形式在全国首设深圳人才日，营造礼遇人才的城市氛围。发布全国首个国际人才街区地方标准，持续打造蛇口街道、香蜜湖街道等 13 个国际人才街区创建点，不断优化让人才近悦远来的服务生态。在寸土寸金的深圳湾畔建成全国首个人才主题公园，打造人才星光柱、人才雕塑群、人才功勋墙等永久性人才激励阵地，展现尊才、爱才、敬才的诚意和温度，让人才"心有所归"。

三、杭州余杭区人才评价调研分析

截至 2023 年 10 月，杭州市连续 6 年人才净流入位列全国第一，其中超过 50％的人才流入余杭区；目前余杭区人才资源总量达到 37.5 万人，占全区常住人口的四分之一，其中 5960 余名为海外引进高层次人才。特别是在未来科技城，主力就业平均年龄 32.5 岁，本科以上学历占总就业人数的 84.5％。余杭区成为一个快速成长的、人口加速流入的区域。据余杭区有关部门介绍，余杭区力争到 2025 年的人才总量达到 50 万人。在人才招引留用、人才评价上，余杭区主要开展了以下几方面工作：

（一）营造开放、多元、合作、灵活的人才成长氛围

在面向加入之江实验室、西湖大学等创新型科研机构人才的采访

调研中,人才成长和发展的氛围备受重视,特别是对于青年科研工作者而言,开放、多元、合作、灵活的平台环境,正在滋养创新。有之江实验室智能机器人研究中心高级研究专家表示,"在经历了中国科学院这样的老牌国家级机构和阿里达摩院这样顶尖的企业研究院之后",是之江实验室开放的科研氛围、灵活的组织机制,之江平台的开放性,以及以国家战略为明确导向的长远研究目标让他眼前一亮。有西湖大学研究员认为,西湖大学作为一所新型研究型高校,最大的特色之一就是学术氛围特别好。

(二)构建"热带雨林式"人才生态,打造全球人才蓄水池

2020年,余杭区推出"顶尖人才政策10条",设立10亿资金池支持顶尖人才创新创业,制定中长期人才发展规划和紧缺人才引培清单,着力引进一批全球顶尖人才和创新团队。如杭州未来科技城对于顶尖人才的评价标准,就要求具备下列条件之一:一是诺贝尔奖、菲尔兹奖、图灵奖等国际性重大科学技术奖项获得者;二是中、美、英、德等国家的科学院院士、工程院院士;三是国家顶尖人才与创新团队项目中的顶尖人才和团队带头人;四是担任过国际著名科学技术领域学术组织主席或副主席,世界知名大学(世界百强名校)校长、副校长;五是相当于上述层级或急需紧缺的其他顶尖人才。余杭区启动创新发展"翱翔计划",完善"实验室—孵化器—加速器—产业园区"创新孵化链条,撬动各类创新要素共同发力集聚人才队伍。

(三)完善高能级科技创新平台建设,构建国际人才引力场

坚持人才引领、创新驱动发展战略,发挥科研重器、高校院所和龙头企业汇聚的科创集群优势,依托高能级科技创新平台"引进、留住、用

好"科技人才资源。截至 2023 年 10 月,余杭区拥有杭州师范大学、中国美术学院良渚校区、中法航空大学等 5 所高校院所,浙大超重力离心模拟与试验装置项目、多维超级感知重大科技基础设施等 6 大科研装置,之江、良渚、湖畔 3 大省级实验室,14 家省级重点实验室,3 家省级新型研发机构,230 家省级研发中心。

(四)实施创新驱动发展战略,为人才特区提供支撑

聚力打造"'雏鹰计划'企业—科技型中小企业—高新技术企业"培育链条,依托科技企业梯队为人才特区提供支撑。截至 2023 年 10 月,余杭区拥有国家重点支持领域高新技术企业 1192 家、省级科技型中小企业 1582 家、"雏鹰计划"企业 783 家。依托国家高新技术企业引进培育科技人员超过 4.7 万人,省级科技型中小企业科技人员超过 2.8 万人。在创新主体培育方面,杭州着眼建设以新型研发机构为主体的创新载体,持续推进名校、名院、名所的"三名工程",支持之江实验室、国科大杭州高等研究院、北航杭州创新研究院、北大信息技术高等研究院等机构的建设。与此同时,杭州出台了《杭州市新型研发机构备案管理暂行办法》,推动新型研发机构的技术研发和成果转化。

(五)深化人才发展体制机制改革,优化海内外人才生态圈

随着之江、良渚、湖畔、天目山四家省级实验室相继落户,余杭区顺势而为,联合组成创新发展联盟,全力服务保障四大科研重器建设,实现跨行业、跨学科、跨专业、跨部门的协同创新。为持续深化人才发展体制机制改革,余杭区 2022 年发布创新余杭"黄金 68 条"政策,"着力打造人才高地"成为新政六大板块之一。面向海外,近几年来余杭区高水平打造了"科技人才周""杭州人才日""国际人才月"等活动品

牌,举办了《麻省理工科技评论》TR35 全球—亚太榜单发布仪式、全球人工智能技术大会等重大赛会 30 余场,人才高地的辐射带动作用日益凸显。

第三节　美、欧、日等代表性机构案例调研

以美国、欧洲、日本知名高校和科研机构为代表,海外人才评价的共性是综合衡量教职员工在学术科研、教育培养、社会影响与贡献、项目管理、学术服务等方面的表现。对不同方面的关注程度以及评价方式,构成了各地区的主要差别,总体上,存在美国及瑞士等实施"终身教职"制度的地区,参考该制度的日本,以及坚持学术资历的欧洲英法德等国家或地区。

一、美国高校及科研机构人才评价综述

从学者访谈来看,美国知名高校及科研机构在人才评价上注重综合素质,如据加州大学圣地亚哥分校学者介绍,该校教授及以上级别的晋升通常需要在学术领域取得显著的成就,这包括发表高水平的学术论文,参与或主持重要的科研项目,获得专利,以及在教育方面有卓越的表现。同时,需要具备管理和领导能力,能够管理实验室、研究团队或教学项目。在教育质量方面,包括教学评估、学生反馈、教育课程和材料的质量、指导研究生等。在科研成果方面,包括学术论文数量和质量、研究项目的成功管理和推进、知识产权的产生和保护等。在学术声

誉方面,包括学术会议和期刊的评价、学术影响因子、学术社群中的地位等。在学术服务方面,包括学术委员会成员、学术评审专家、领导学术组织等的评价。在管理能力方面,包括实验室、课程、项目的管理经验及团队合作能力。

来自教职员工招聘、晋升考核方面的公开报道,也印证了上述信息,美国知名高校及科研机构在人才评价上主要涉及学术能力、教学能力、项目管理能力和社会影响力等方面。具体是:

（一）学术能力

学术能力主要包括:（1）发表论文数量和质量。如哈佛大学在教职人员的选拔和晋升考核中,会参考候选人在高影响力期刊上发表的论文的数量和被引用次数;斯坦福大学医学院的评价标准中也注重学者的发表论文数量、被引用次数以及其在学术界的影响力。（2）研究项目的规模和影响力。如麻省理工学院评估研究人员时会关注其研究项目的规模、获得的经费以及研究成果对行业或学术界的影响。（3）学术会议和研讨会。如斯坦福大学医学院会评估候选人在学术会议和研讨会上的活跃程度,包括是否有发表演讲或主持研讨会的经历。（4）学术奖项和荣誉。如耶鲁大学法学院会评估教职人员在法学领域获得的学术奖项和荣誉,包括法学界的重要奖项或荣誉会员身份。（5）跨学科研究。一些高校和研究机构也注重评估教职人员开展的跨学科研究,如斯坦福大学医学院评估教师时会考虑其在医学领域与其他学科的跨界合作和研究。（6）学术影响力和引用,如加州大学伯克利分校评估教职人员会考虑其学术研究成果的被引用次数和社会影响力,以及在学术媒体中的引用情况。

（二）教学能力

教学能力主要包括：(1)教学设计与教材选择。如斯坦福大学的评价标准中就指出，教职人员应该能够设计创新的课程，选择适当的教材，并通过多样化的教学方法来激发学生的学习兴趣。(2)教学效果评估。教职人员应该能够评估自己的教学效果，并采取相应措施进行改进，如哈佛大学的教职人员评估中，会考虑候选人是否具备对课程进行评估和反馈的实践，以及根据反馈结果进行教学改进的能力。斯坦福大学的评估标准中强调教职人员指导学生进行独立研究、科研实践和创新项目的能力。(3)学生评价。哈佛大学等通常会收集学生对教师的评价，包括课程内容、教学方法、沟通交流等方面；斯坦福大学医学院的评估标准中也关注教职人员能否有效地指导学生职业规划和准备。(4)同事反馈。如麻省理工学院的评估过程中会收集教职人员的同事对其教学能力的评价和反馈，包括教学团队合作、共同教学项目等方面。(5)教学创新和原创性。如耶鲁大学法学院注重评估教职人员的教学设计是否具备原创性，并是否在教学中采用创新的方法促进学生的学习。(6)学术教育和社区服务。如斯坦福大学医学院的评估标准中注重考察教师参与教育项目和社区服务的情况，以及对学生职业发展的指导和支持。

（三）项目管理能力

项目管理能力主要包括：(1)领导能力和团队合作，高校和研究机构希望教职人员能够有效地领导研究项目团队，并与团队成员和利益相关者合作。如斯坦福大学重视候选人在项目中担任领导职务的经验，要求他们能够有效地协调团队合作和取得成功。(2)资金筹集能力。高校和研究机构通常希望教职人员在项目管理中能够有效地筹集资金，支持研究项目的开展。如斯坦福大学在教职人员招聘中看重候选人在项目管理和申请研究资助方面的能力，要求候选人展示过去成功获得研究基金的经历。（3）沟通和交流能力，能够与团队成员、合作者和利益相关者进行有效的沟通和协商。如哥伦比亚大学在招聘教职人员时关注候选人在项目团队中的沟通能力，并通过面试来评估他们的交流和协调能力。

（四）社会影响力

社会影响力主要包括：（1）社会影响和知名度，主要通过教职员工在学术界、行业或社会中的知名度和影响力来评估。如麻省理工学院评估教职人员会考虑其在学术界的声誉、在专业组织中的地位以及在媒体中的曝光度。（2）政策影响力，如哥伦比亚大学在评估教职人员时会考察其在相关政府机构和决策机构中的参与和影响，以及其对公共政策领域的贡献。（3）社区服务与合作，如斯坦福大学评估教职人员时会注重考察其参与社会公益项目、与非学术机构合作的情况，以及对社区的贡献。（4）产业合作与创新，如与产业界的合作、技术转移和创业带动等方面的贡献。

在招聘流程和备受关注的终身教职评审上，美国知名高校和科研机构也有成熟和通行做法。有宾夕法尼亚州立大学学者介绍，其人才招聘有申请材料审核、面试两个主要步骤。申请材料审核通过后，首先接到视频面试，此后是到校面试。一般每一个职位的面试者达到 $100\sim$ 200 名，教职招聘委员会先筛选出 $10\sim20$ 名进行电话/视频面试，主要内容为交流研究方向、教学理念，以及一些技术性问题。电话/视频面试通过之后会被邀请参加校园面试。校园面试一般是 $2\sim3$ 天的行程，其间面试者会遇到各种未来的同事，需要进行面试和演讲，2～3 天中会有 10～20 位教授对他们进行面试并打分。一些学校还会现场要求模拟未来上课的过程。面试结束后，面试者一般在几周到几个月之后会接到学校是否聘用的通知。

在终身教职晋升方面，宾夕法尼亚州立大学每年都有考评，每两年一大评。其中在第三年结束、第四年开始的时候有很重要的第四年考评，如果学校觉得个人发展不顺利，会指出如何加强或者其他建议。一般在第六年开始的时候提交材料申请，需要一年左右时候处理，在第六年快结束的时候可以知道能否晋升。晋升会考察研究、教学、服务三个方面。在研究方面，看重助理教授自己主持的研究，同时希望助理教授已经取得初步的研究成果，能够拿到外部的研究经费去支持自己的实验室；在教学方面，每个学期会有学生对老师的评分，得分不达标的会被要求提高教学水平；在服务方面，助理教授需要参加系里的服务，但比重不高，在成为副教授之后会更看重。

值得注意的是，作为美国研究型大学赖以崛起的基石，终身教职制度并非完美无瑕。一方面，终身教职制度意味着学者在职业生涯早期就需要取得重大成果。这会导致青年人倾向于进入更加"流行"的研究领域，选择更加"安全"的问题，不这样做就容易被学术界淘汰。另一方面是"非升即走"使青年学者面临巨大压力。此外，对于终身教职轨道之外，并非助理教授（assistant professor）的兼职教职（adjunct professor）而言，所能获得的科研资源、职业发展上的投入十分有限，其发展空间被严重压制。如 2023 年诺贝尔生理学与医学奖获得者，发明了 mRNA 新冠疫苗关键技术的科学家考里科（Katalin Karikó），就在科研生涯中长期受到这一限制。

二、欧洲高校及科研机构人才评价综述

欧洲高校及科研机构的人才评价重点关注学术成果、教学培养、研究项目和资金、学术活动和声誉等多个方面，本文结合公开资料与部分知名高校和研究机构的案例进行综合梳理。

1.学术成果

学术成果评价主要关注以下方面：一是论文数量和质量。例如英国剑桥大学会根据学者在自然科学和社会科学领域的国际顶级期刊上的论文发表数量和影响因子评估其研究成果。二是引用次数。例如瑞士苏黎世联邦理工学院会考虑学者的 H 指数（即学者发表的论文有多少篇被引用了多少次）。三是单篇论文的影响因子。例如德国马克斯·普朗克研究所会看重学者的置信度（confidence degree）指标，即根据学者的论文在科学引文索引（SCI）上的引用数量和被引用频率计算的指标。四是科研合作和项目参与。例如法国巴黎高等研究实践学院（PSL）会考虑学者是否参与了国际合作项目，如欧洲研究理事会（ERC）的项目。五是学术声誉和荣誉。例如荷兰阿姆斯特丹大学会考虑学者是否获得过诺贝尔奖或其他国际知名奖项。

2.教学培养

教学培养的评价主要关注以下方面：一是学生毕业论文的质量，即评估教师指导学生完成的毕业论文的质量和创新性。例如，英国牛津大学会评估教师指导的学生是否在毕业论文中提出了独立的研究问题并做出有意义的贡献。二是学生职业发展，评估教师的指导是否使学生具备职业发展所需的专业技能和知识。例如，德国慕尼黑工业大学（TUM）会关注教师指导的学生就业率、毕业生的职业发展情况以及学

生在毕业后所取得的成就。三是学生参与科研项目,评估教师能否成功鼓励和指导学生参与科研项目。例如,法国巴黎高等研究实践学院(PSL)会考虑教师是否能够给学生提供参与国际合作项目的机会,提高学生的科研能力和经验。四是学生获得奖学金和荣誉,评估教师指导的学生是否获得奖学金、研究奖项和学术荣誉。例如,瑞典隆德大学会关注教师是否为学生提供了获得奖学金和其他学术荣誉的机会。五是教学评分和学生反馈,评估教师在教学方面的能力和教学效果。例如,荷兰代尔夫特理工大学会考虑学生对教师课堂教学表现的评分和反馈。

3.研究项目和资金

研究项目和资金主要关注以下方面:一是研究项目的数量和规模,评估研究项目数量和规模,以及是否有国际合作项目。其中如瑞士苏黎世联邦理工学院(ETH Zurich)等尤其重视在欧洲研究理事会(ERC)项目上的表现。二是科研经费总额。例如,德国柏林洪堡大学注重科研经费总额,并将其作为衡量研究活动水平的指标。三是科研经费来源,评估来源多样性和可持续性。例如,瑞典卡罗琳斯卡学院(Karolinska Institutet)注重经费的多样性和可持续性。四是科研成果转化和应用。例如英国剑桥大学注重科研成果转化为基础的创业企业数量和成果的商业化程度。

4.学术活动和声誉

学术活动金额声誉主要关注以下方面:一是学术会议参与和组织,评估高校或机构学者参与国际学术会议的数量和质量,以及是否组织学术会议。例如,英国剑桥大学会评估学者是否频繁参与国际学术会议,并且是否担任学术会议的组织者或重要的讲演嘉宾。二是学术期刊编辑,评估学者是否担任知名学术期刊的编委会成员或主编。例如,荷兰代尔夫特理工大学会考虑学者是否担任国际著名学术期刊的编委或主编，以评估其在学术界的影响力和声誉。三是学术奖项和荣誉。例如，瑞典隆德大学会关注高校或机构是否获得过诺贝尔奖或其他知名学术奖项。四是国际知名学术组织成员。例如德国马克斯·普朗克研究所会考虑学者是否成为国际知名学术组织如美国国家科学院（NAS）或英国皇家学会（Royal Society）的成员。

从上述人才评价的多方面要求可以看到，欧洲相比美国更加看重成果发表、资历和学术权重等传统标准，其中一个重要方面在于终身教职制度。但有瑞士洛桑联邦理工大学助理教授介绍，瑞士是其中的例外，其在人才评价特别是终身教职制度上更加接近美国。在终身教职评审中，要求申请人在科研、教学、学术服务和产业化等方面有所建树，其中，对于科研的评价包括文章发表、同行认可、科研经费等；在学术服务方面要求一定的参与，但比重不高；同行评价人员包括相关领域知名教授、独立推荐人等。总体来看，非常接近美国高校在终身教职评审上的通行做法，但助理教授停留时间为6~8年，终身教职评审周期1~1.5年，时间均长于美国。

根据公开信息，瑞士洛桑联邦理工大学此前实行的也是欧洲传统的编外讲师制。20多年前，时任校长帕特里克·埃比舍将终身教职制度引入该校，此后洛桑联邦理工学院从一所普通的工科学校迅速发展成为世界著名的高等学府，在世界大学学术排名中从2004年的第194名一跃上升至2021年的第91名。根据《中国科学报》对上外国际教育学院教师江小华的采访，瑞士洛桑联邦理工学院的成功，一个重要原因是对于进入终身教职轨道的助理教授，该校给予最多的不是量化考核压力，而是制度经费支持和学术自由。洛桑联邦理工学院的校领导曾表示，给予年轻教师充分的支持并激发他们的学术热情，比将资源集中在少数资深教授身上更有价值。该校为每位年轻教师设立独立的实验室,每年给予他们一笔可观的科研经费。同时不限制他们的科研自主性和学术自由,年轻教师不用给其他教授打工,考核的标准是学术成果的创新性而非发表数量。

三、日本高校及科研机构人才评价综述

日本高校及科研机构在人才评价上注重学术贡献、教学质量和社会服务等,各个机构在优先项上多有侧重。本书以东京大学、京都大学、日本学术振兴会、日本科学技术振兴会为例予以梳理介绍。

1.东京大学

东京大学主要考察学术研究能力、教学质量和创新、社会服务和学术影响、国际化和学术交流等几个方面。(1)在学术研究能力方面,东京大学高度重视教师的学术研究能力,评价重点包括教师在国内外知名学术期刊上的发表论文数量和质量、科研项目的申请和获得情况、学术交流与合作等。(2)在教学质量和创新方面,侧重考量教师的教学表现和教学改进的能力。衡量因素包括教师的教学方法、课程设计、学生评价和同行评估等。(3)在社会服务和学术影响方面,主要考察教师在学术组织、学术活动、学术委员会等方面的参与,以及与行业、政府、社会利益相关方的合作。教师在学术领域内的影响力、学术声誉和社会贡献都将作为评估的指标。(4)在国际化和学术交流方面,东京大学鼓励教师参与国际学术交流和合作。具有国际合作项目、在国际学术会议上发表演讲和报告、担任国际学术组织职务等方面的经历和成就将为教师评价带来积极影响。

2.京都大学

京都大学注重学术研究能力、教学质量、社会服务和影响力、个人发展和终身学习等方面。(1)在学术研究能力方面,京都大学要求高水平和出色的研究产出。评估标准为学术论文的数量和质量,包括发表于国内外知名学术期刊和会议的论文,以及获得的学术奖项和荣誉。此外,科研项目的规模、质量和自主性,科研经费的获得和管理,以及学术交流和合作活动的参与程度也会被评价。(2)在教学质量方面,京都大学非常注重高水平的教学质量和教育创新,评估教职员工的教学质量时会综合考虑学生评价、同行评议、教学材料和课程设计的质量,以及教学方法的创新和应用。此外,教职员工的教学能力、教学评估结果和指导学生的能力也是评价的重要因素。(3)在社会服务和影响力方面,评估标准包括参与学术组织、学术活动和学术委员会等社会服务方面的活动,与行业、政府和社会相关方合作的情况,以及教职员工在学术领域内的影响力、学术声誉和社会贡献度,包括在媒体上的传播和学术普及活动等。(4)在个人发展和终身学习方面,评估标准涉及教职员工的自我发展计划和目标设定,以及参与培训和教育提升的积极性。京都大学鼓励教职员工积极参与学术会议、研讨会等学术交流活动,提升自身的学术能力和学术影响力。

3.日本学术振兴会(Japan Society for the Promotion of Science, JSPS)

JSPS作为日本的主要研究资助机构,对个人的科研能力和潜力的评估主要包括学术成果与贡献、研究计划、学术推荐和个人发展。(1)在学术成果与贡献方面,主要包括发表的学术论文、会议报告,出版的专著等,以及所获得的奖项和荣誉。学术贡献则包括申请人组织学术会议、担任学术期刊编委或审稿人,帮助他人解决科研难题的能力和意愿。学术成果的质量、数量和影响力对于评估个人的学术能力有重要影响,JSPS 一般会要求申请人提交一份详细的个人履历和学术成果列表。(2)在研究计划方面,申请人需要阐述自己的研究目标和研究方法,并说明其对学术领域发展的贡献和创新性。研究计划应该具备科学性、可行性和创新性,并且能够与国际前沿的研究取得连接和对接。评委会通常会对申请人的研究计划进行审查和评估,以确定其对学术领域的贡献和潜在的研究价值。(3)在学术推荐方面,申请人需要提供至少两封推荐信,由具有权威和专业背景的专家撰写。推荐人应该对申请人的研究能力、学术贡献和潜力进行客观的评价,并且提供对申请人在研究领域中的重要贡献和领导能力的具体例证。(4)在个人发展方面,主要考察个人科研能力和潜力的成长和进步,包括申请人在过去的科研工作中所取得的进展和成果,以及对今后的发展规划和目标的清晰表述。评委通常会关注申请人学术成果的积累情况、学术能力的提升和学术影响力的扩大。

4.日本科学技术振兴会(Japan Science and Technology Agency,JST)

JST 致力于推动科学技术的创新和应用,对科研人员的评估主要考虑其科学研究贡献、研究计划与创新性、合作与团队精神、学术声誉与表现、学术专长与潜力。JST 重视创新性和实用性的研究,鼓励产学合作和社会影响力。(1)在科学研究贡献方面,包括个人在科学论文、专著、专利申请等方面的成果,以及个人主持或参与的科研项目所取得的科技创新和成果。(2)在研究计划与创新性方面,JST 关注申请人的研究计划及其创新性,其中创新性的评价主要侧重于申请人提出的研究思路、方法、设备等方面的创新。(3)在合作与团队精神方面,JST 注重个人在科研合作中展现出的团队精神和合作能力,包括个人在科研项目中与他人的合作情况、与团队的协作能力以及在科研社群中的影响力等方面的评估。(4)在学术声誉与表现方面,JST 考察个人在学术界的知名度和影响力,特别是在相关领域内的重要学术组织中的角色和贡献。个人曾获得的奖项、荣誉和学术职称等也会被纳入评估的范畴。(5)在学术专长与潜力方面,JST 评估人才的学术专长主要通过申请人所发表的学术论文、专著和会议报告等来确定,以及推荐信中对申请人学术实力和专业知识的评价。对个人在学术领域中未来发展潜力的评价包括个人的科研规划、自我发展思路和目标等。

第六章　新型研发机构科技人才评价体系建议

第一节　科技人才的流动动力模型

一、科技人才流动的背景

科技人才流动确实是一个受到多种因素影响的普遍现象。现代科技的快速发展和全球化趋势,以及不同地区和企业之间科技资源的不均衡分布,都为科技人才在职业生涯中进行流动提供了动力。首先,科技的快速发展使得科技人才需要不断学习和适应新知识和技能。在某些情况下,为了追求更多的学术或技术挑战,科技人才可能选择流动到其他领域、研究机构或企业,以获取新的经验和机会。其次,全球化的趋势使得科技人才可以更容易地在全球范围内寻找机会。国际的科技合作和交流变得更加频繁,科技人才也更容易通过国际流动获取更广泛的资源和合作伙伴,推动自己的职业发展。最后,不同地区和企业之间科技资源的不均衡分布也是科技人才流动的重要因素。一些地区或企业可能拥有更丰富的研究设施、项目资源或者更有吸引力的待遇,成为科技人才流动的吸引力。总体而言,科技人才流动是一个复杂的现象,受到多种因素的综合影响。建立科技人才流动动力模型有助于深入理解其背后的机制,为更好地管理和引导科技人才流动提供指导。

二、科技人才流动的动力模型分析

(一)职业发展机会

职业发展机会是科技人才流动的重要动力之一。科技领域的职业发展通常需要不断接触新的技术、项目和挑战,而在某些情况下,流动到其他地区或企业可能提供更广阔的职业发展机会。这一层面的动力包括职业发展的多样性、职务晋升的机遇、丰富的项目经验、技术培训的先进性、职业规划的长远性等。

1.职业发展的多样性

科技领域的多样性为科技人才提供了丰富的职业发展机会,这种多元性不仅存在于不同地区之间,还涉及不同企业、不同项目的差异。这为科技人才提供了更广泛、更多样的发展路径,促使他们对流动抱有积极态度。首先,不同地区或国家的科技发展水平和特点差异巨大。一些地区可能更注重基础研究,而另一些地区可能更侧重于技术应用和产业创新。科技人才通过流动,可以选择更符合他们个人兴趣和发展方向的地区,获得更合适的职业发展机会。其次,不同企业和项目之间的差异也是一个重要因素。一些企业可能在人工智能领域具有领先地位,而另一些企业可能在生物技术或信息技术方面更为专业。科技人才通过在不同企业和项目中流动,可以接触到不同领域的前沿技术、挑战和机会,从而丰富自己的职业经验。这种多样性的选择,使得科技人才能够更好地定位自己的职业发展方向,拓展自己的技能和知识面,提高自己在科技领域中的竞争力。因此,职业发展的多样性是科技人才流动中的一个重要推动因素。

2.职务晋升的机遇

不同地区或企业可能提供不同的职务晋升机会,而科技人才往往追求更大的责任和挑战,将职务晋升视为一种不断进步的过程。首先,一些地区或企业可能因其在特定领域的优势而能够提供更广泛的职务晋升机会。在一些科技热点地区或领先企业,科技人才可能更容易获得更高级别的职务,担任更具挑战性的项目或团队领导职务。其次,流动到不同地区或企业,科技人才可能面临着更多的职业发展机会。不同的工作环境和团队文化可能为他们提供新的视角和机遇,有助于培养更全面的领导力和管理技能,从而提高他们在职务晋升中的竞争力。更高的职务不仅代表着更大的责任,也是个人职业发展中的一种重要成就。对于科技人才而言,通过流动获得更高级别的职务,不仅能够在事业上有更大的影响力,也有助于他们不断提升自己的职业水平和专业能力。因此,职务晋升机会是科技人才在考虑流动时重要的考量因素之一。这种机会的增加可以激励科技人才更积极地寻求流动,以实现个人职业发展的更大突破。

3.丰富的项目经验

在新的地区或企业,科技人才有更多机会参与到各种不同类型和规模的项目中。首先,参与不同类型的项目可以拓宽个人技术视野。不同地区或企业可能专注于不同领域的研究或应用,通过参与多样化的项目,科技人才能够接触到新的技术、新的方法,从而不断拓宽自己的技术知识和视野。其次,参与不同规模的项目可以提升解决问题的能力。在大型项目中,科技人才可能面临更复杂、更具挑战性的问题,需要更全面的技术和管理能力;而在小型项目中,他们可能需要更具创新性和灵活性的解决方案。这样的经历可以锻炼科技人才在不同情境下解决问题的能力，提高其应对复杂挑战的能力。通过积累丰富的项目经验，科技人才不仅能够在专业领域中不断成长，还能够培养全面的职业素养。积累丰富的项目经验不仅对个人职业发展有积极影响，也有助于提升科技领域整体的创新能力和竞争力。

4.技术培训的先进性

在不同地区或企业，科技领域的技术更新可能存在差异，通过流动，科技人才有机会接触到最新的技术发展，参与到先进的技术培训中，从而获得更深入的专业知识。首先，流动可以提供更广泛的技术培训资源。不同地区或企业可能在不同领域拥有独特的技术专长，通过参加相关培训，科技人才可以获取到更广泛、更深入的专业知识，从而提升自己在该领域的技术水平。其次，流动可以让科技人才了解到其他地区或企业采用的先进技术和方法。这种跨领域、跨企业的经验交流，有助于科技人才获取更全面的技术认知，了解不同领域的最新研究和实践进展，从而拓宽自己的技术视野。科技领域，保持对新技术的敏感性并不断更新知识是至关重要的，而通过流动获取先进的技术培训正是实现这一目标的有效途径。

5.职业规划的长远性

职业发展机会与个人职业规划的长远性密切相关，科技人才往往通过流动来实现自己在职业生涯中设定的长期目标。这可能包括在特定领域取得更高的声望、成为某一领域的专家，或者在职业层面上实现更广泛的影响力。首先，流动可以为科技人才提供更符合个人职业规划的发展机会。不同地区或企业可能在不同领域有着独特的发展优势，通过选择合适的流动机会，科技人才可以更好地契合个人长远规划中的专业发展方向。其次，流动可以加速个人职业目标的实现。在一些地区或企业,科技人才可能更容易获得更高级别的职务、更具挑战性的项目或更先进的技术培训,这些机会可以使他们更快速地实现自己的职业目标。这种长远规划的驱动力推动着科技人才作出流动决策,使他们更加注重选择与个人职业规划相契合的发展机会。通过流动,科技人才能够更有针对性地塑造自己的职业发展路径,实现个人职业生涯的长期目标。

(二)薪酬和福利

薪酬和福利是影响科技人才流动的重要因素。一方面,一些地区或企业可能提供更高的薪酬水平,吸引科技人才前往;另一方面,福利待遇的提升,如灵活的工作时间、优越的工作环境等,也是吸引人才流动的重要因素。

1.竞争性薪酬

对于追求物质生活质量和经济激励的科技从业者来说,更高的薪酬水平是一个非常重要的决定性因素。首先,一些地区或企业可能由于其在特定领域的独特优势,能够提供更具竞争力的薪酬,包括对于高技术人才的补贴、奖金制度、股票期权等各种形式的经济回报。这些优厚的薪酬条件能够直接吸引科技人才流动到相应地区或企业。其次,竞争性薪酬对于科技人才的吸引力还体现在其对个人价值的认可。高薪酬不仅仅是经济回报,更是对科技人才在其领域的专业价值的一种认可和回报。这种认可可以激发科技人才的工作动力和积极性。最后,薪酬水平也直接关系到科技人才的生活质量。在一些地区,生活成本可能较高,而更高的薪酬可以支持更好的生活条件,包括住房、教育、医疗等方面。因此,竞争性薪酬作为科技人才流动的一项动力,对于吸引和留住高素质科技人才具有重要意义,企业和地区通过提供具有竞争力的薪酬条件,可以更好地吸引并留住人才,促使科技人才做出流动的决策。

2.福利待遇的提升

除了薪酬,企业提供的优越工作环境、灵活的工作时间和更好的员工福利等方面的待遇,能够极大地影响科技人才的工作满意度,从而增加他们的流动的倾向性。首先,优越的工作环境是福利待遇的一个关键因素。科技人才通常需要创新和思考,一个开放、合作、有创造性的工作环境对于他们的工作效能和工作体验至关重要。一些企业通过提供先进的工作设施、研发实验室、独特的工作空间等来吸引科技人才。其次,灵活的工作时间也是一个重要的福利待遇。科技领域的工作可能需要灵活的时间安排,一些企业提供弹性工作时间、远程办公等政策,能够满足科技人才更个性化的工作需求,增强流动的吸引力。最后,更好的员工福利也是科技人才流动的考虑因素之一。这可能包括全面的健康保险、培训和发展机会、团队建设活动等。福利待遇的提升使得工作变得更为舒适和愉悦,有助于形成积极的工作体验,企业通过提供全面的员工福利,不仅能够吸引科技人才,还能够增加他们对企业的忠诚度,减少流失率。因此,企业通过提升福利待遇,可以更好地留住现有的科技人才,同时也能够吸引更多的高素质科技人才加入。

3.员工发展计划和培训机会

科技领域的工作要求不断学习和不断更新技术知识,因此,提供更全面、系统的培训和发展计划能够极大地激发科技人才的流动倾向。首先,员工发展计划可以为科技人才提供明确的职业发展路径。通过明确的发展计划,科技人才能够清晰了解在企业中的职业晋升机会、专业发展方向等。这有助于增加他们对流动机会的吸引力,因为他们能够在新的地区或企业中找到更好的职业发展机会。其次,提供系统的培训机会可以不断提升科技人才的专业技能。科技领域的技术更新速度很快,通过不断地培训,科技人才可以掌握最新的技术和方法,保持在领域中的竞争力。这种不断提升的机会是对科技人才极具吸引力的一个因素。最后,发展计划和培训机会也体现了企业对员工的关心和投资。企业通过提供这些机会,不仅能够留住现有的科技人才,还能够吸引更多优秀的人才加入。这种关心和投资也有助于建立积极的企业文化,增加员工的工作满意度。因此,提供员工发展计划和培训机会是企业留住和吸引科技人才的一种非常有效的手段。这种福利待遇可以满足科技人才追求专业成长和职业发展的需求,同时也有助于形成良好的人才留存和吸引机制。

4.对工作和生活平衡的关注

对科技人才这样需要不断学习和创新的群体而言,对工作和生活平衡的关注能够极大地增加他们对流动的吸引力。首先,提供弹性工作时间是关注工作生活平衡的一种方式。科技领域的工作可能需要更加灵活的时间安排,因此给予员工更多的自主权,使其能够根据个人需求灵活安排工作时间,有助于提高工作效率,减轻工作压力。其次,远程办公政策也是关注员工工作生活平衡的重要手段。科技人才通常可以通过电脑和网络完成工作,因此提供远程办公的选择,可以让员工更好地平衡工作和家庭责任,减少通勤时间,提高工作的灵活性。科技人才往往在工作中追求更加平衡的生活,而企业关注这种平衡并提供相关福利政策,能够赢得员工的信任,增加他们对企业的归属感,从而降低流动的可能性。因此,关注员工的工作生活平衡是企业在吸引和留住科技人才方面的一项重要策略,不仅有益于员工的健康和幸福感,也有助于提高企业的整体绩效和竞争力。

5.企业文化和团队氛围

企业文化和团队氛围是一种无形但极为重要的福利。积极向上的企业文化和融洽的团队氛围能够为科技人才提供更好的工作体验，成为他们作出流动决策的原因之一。首先，积极的企业文化可以塑造良好的工作氛围。企业文化是指企业内部共同的价值观、行为准则和工作方式，积极向上的企业文化能够激发员工的工作热情和创造力，增强团队凝聚力。其次，融洽的团队氛围有助于形成良好的协作和沟通氛围。科技领域通常需要团队协作来完成复杂的项目，而一个融洽的团队氛围能够提高团队成员之间的合作效率，增加工作的愉悦感。这也对科技人才的流动产生积极的影响，因为他们更愿意加入具有良好团队氛围的企业。最后，良好的企业文化和团队氛围也能够提高员工的工作满意度。员工在一个积极、向上的文化中，与融洽的团队成员合作，更容易产生对工作的认同感和归属感。这种满意度能够降低员工流动的可能性，提高员工留存率。因此，企业文化和团队氛围的优越性是一种无形但非常强大的福利，不仅能够吸引和留住科技人才，还有助于提高整体团队的绩效和创新能力。企业通过建立积极的文化和融洽的团队氛围，能够为科技人才提供更有吸引力的工作环境，使他们更愿意留在企业中。

（三）创新和研发环境

科技人才通常在追求创新和研发的过程中获得满足感。流动到具有更好创新和研发环境的地区或企业，可以激发科技人才的创造力和工作动力。这包括更先进的实验设备、更紧密的团队协作以及更灵活的研发流程等。

1.先进的实验设备和技术支持

科技人才通常需要在创新和研发过程中使用最尖端的技术设备，以便更好地开展实验和研究。首先，先进的实验设备提供了更广阔的技术平台。科技人才倾向于选择能够提供最新、最先进实验设备的地区或企业，这样他们能够在科研过程中充分利用最新的技术手段，提高实验的精度和效率。其次，先进的技术支持有助于激发科技人才的创新潜力。拥有先进的技术支持意味着科技人才可以更好地探索新的研究方向，尝试更复杂的实验设计，从而推动科技领域的创新和发展。流动到拥有更先进实验设备的地区或企业，可以让科技人才更好地发挥他们的专业能力，产出更高水平的研究成果。因此，先进的实验设备和技术支持是企业或地区在吸引科技人才方面的一项非常重要的竞争优势。

2.紧密的团队协作和创新氛围

科技项目通常需要多方面的专业知识和技能，而团队协作是推动创新的关键。首先，紧密的团队协作能够促进知识的交流和共享。在一个团队协作紧密的环境中，科技人才可以更容易地与团队成员分享自己的专业知识和经验，从而迅速吸收新的信息，推动项目的进展。其次，创新氛围有助于激发科技人才的创造力和创新思维。在一个鼓励创新的文化中，科技人才更愿意尝试新的方法和理念，与团队成员共同探讨解决问题的方案，从而推动项目向前发展。流动到拥有更紧密团队协作和创新氛围的地区或企业，科技人才能够更好地与他人协作，共同推动项目取得更大的成果。这也会增加他们对工作的满意度，提高团队的绩效，同时也提高他们对企业或团队的忠诚度。因此，紧密的团队协作和创新氛围是一个非常有利的吸引因素，特别是对于那些注重科技项目合作和推动创新的科技人才而言。企业或地区通过打造积极的团队协作文化和鼓励创新的氛围,能够更好地吸引和留住高素质的科技人才。

3.灵活研发流程和工作方式

科技人才通常寻求更加灵活、高效的工作方式,以更好地适应项目的需要。首先,灵活的研发流程有助于提高工作效率。科技项目可能面临不断变化的需求和挑战,而一个灵活的研发流程能够使团队更加迅速地适应变化,调整工作计划,提高项目的灵活性和反应速度。其次,灵活的工作方式可以提供更多自主权和选择。科技人才通常希望能够更灵活地安排工作时间和地点,以更好地平衡工作和生活。流动到拥有更灵活研发流程的地区或企业,科技人才可以更自由地选择适合自己的工作方式,增加工作的舒适度和灵活性。这种灵活性对科技人才的流动具有极大的吸引力,他们更愿意加入能够提供更灵活工作方式的企业,因为这样的工作环境更符合他们的需求,有助于提高工作满意度,减少流动的可能性。因此,灵活的研发流程和工作方式是企业或地区在吸引科技人才方面的一项非常重要的竞争优势。通过提供更灵活的工作环境,企业能够更好地满足科技人才的需求,减少人才流动的可能性。

4.跨学科研究的机会

科技人才通常希望在更广泛的学科领域中获得经验,拓宽自己的研究视野,而提供跨学科研究的机会能够满足他们对知识多元性的追求。首先,跨学科研究有助于打破学科之间的壁垒。在科技领域,问题通常不是局限于一个学科,而是涉及多个领域。提供跨学科研究的机会能够促使科技人才更容易与其他学科领域的专家合作,共同解决复杂的问题。其次,跨学科研究能够促进创新。融合不同学科的思维和方法,有助于产生新的理念和解决方案。科技人才通过参与跨学科研究,可以更好地应对科技创新的挑战,推动研究领域的进步。流动到拥有更多跨学科研究机会的地区或企业,科技人才有机会接触到更广泛的研究主题,与不同背景的研究者合作,提高自己的综合素质。因此,提供跨学科研究的机会不仅有助于满足科技人才对知识多元性的追求,还能够促进创新和解决跨学科性质的问题,为科技人才提供更有吸引力的研究环境。

5.创新文化的倡导

鼓励创新、容忍失败的文化能够激发科技人才更大胆地尝试新的研究方向和方法,从而推动创新和研发的进展。首先,创新文化的倡导能够培养积极的创造力。科技人才在一个鼓励创新的文化中更愿意提出新的理念和方案,因为他们知道失败不会受到过多惩罚,而是被视为尝试的一部分。这种积极的创新氛围有助于推动项目取得更有意义的成果。其次,创新文化的倡导有助于形成积极的工作态度。科技人才在一个鼓励创新的环境中感受自己的努力被认可,这能够提高他们的工作满意度和对工作的投入程度。积极的工作态度对于科技项目的成功至关重要。科技人才会更愿意流动到拥有更积极创新文化的地区或企业,因为这里更能够满足他们对创新的追求,激发他们的冒险精神。因此,创新文化的倡导是企业或地区吸引科技人才的一项非常重要的竞争优势。通过营造鼓励创新、容忍失败的文化,企业能够更好地吸引并留住高素质的科技人才,推动创新和研发领域的持续发展。

(四)个人发展需求

科技人才通常具有强烈的个人发展需求,追求更广泛的学科涉猎和跨领域的合作。个人发展需求包括学术研究的深度、广度,以及在不同领域间的跨界经验。为满足这些需求,科技人才可能选择流动到更适合其个人发展的地区或企业。

1.学科研究的深度和广度

科技人才通常追求在自己的领域内拥有深厚的专业知识,同时也希望能够涉足相关领域,拓宽自己的学科视野。首先,深度的专业知识是科技人才在自己领域内取得重要成就的基础。通过深入学习和研究,他们可以成为该领域的专家,推动科研进展和技术创新。其次,学科的广度可以带来更多的创新机会。涉足相关领域能够激发跨学科的思维和创新,促使科技人才在不同领域之间找到新的联系和可能性,为解决复杂问题提供新的思路。流动到能够提供更多学科涉猎机会的地区或企业,科技人才有机会在更广泛的学科范围内拓展自己的知识和技能。这不仅有助于满足他们对学科广度的追求,还能够提高他们在多领域合作中的能力,推动科技创新的综合发展。因此,学科涉猎的深度和广度是科技人才个人发展中的重要方面,对于提高个人综合素质和在科研领域的影响力具有积极作用。企业或地区通过提供更多学科涉猎机会,能够更好地吸引和留住追求广泛知识的高素质科技人才。

2.学术研究的深度

科技人才通常追求参与更具挑战性、前沿性的研究项目,以取得更高的学术成就,推动学科的发展。首先,参与具有深度的学术研究项目能够提升科技人才的专业水平。通过深入参与研究,科技人才可以更全面地理解研究领域的核心问题,深化自己的学术见解,为学科的发展做出更有深度的贡献。其次,具有深度的学术研究有助于推动科技创新。挑战性和前沿性的研究项目通常涉及解决尚未解决的难题,这促使科技人才提出创新性的理论和方法,推动学科的发展。流动到拥有更具深度学术研究机会的地区或企业,科技人才有机会参与更具挑战性和前沿性的研究,满足他们对学术深度的追求。这不仅激发了他们的创新能力,也提高了他们在学术界的声望和影响力。因此,提供更深入的学术研究机会对于吸引和留住高水平的科技人才至关重要。企业或地区通过提供具有挑战性和前沿性的研究项目,能够更好地吸引那些追求学术深度的科技人才,促进学科的不断创新和发展。

3.跨领域合作的机会

科技人才通常认识到不同领域的交叉合作能够带来创新型的思维和解决问题的新方法。流动到能够提供更多跨领域合作机会的地区或企业,有助于满足科技人才对跨界经验的需求,促使他们更全面地发展个人能力。首先,跨领域合作能够促进知识的交流与融合。不同领域的专业知识交汇,有助于形成更全面、综合的视角,为解决复杂问题提供更多元的思考方式。其次,跨领域合作有助于推动创新。在不同领域的专业人才汇聚在一起,往往能够激发出新的思维火花,促成新的理念和方法的诞生。这种跨界的创新对于推动科技发展和应用具有重要意义。流动到能够提供更多跨领域合作机会的地区或企业,科技人才有机会参与更多的合作项目,拓展自己的专业领域,提高综合素质。这种全面发展不仅有益于个人的职业生涯,也有助于推动科技领域的全球创新。因此,提供更多跨领域合作机会是吸引和留住高水平科技人才的关键。企业或地区通过鼓励跨领域合作,能够更好地满足科技人才对跨界经验的需求,推动科技领域的不断发展。

4.专业技能的拓展

科技领域的技术更新迅猛,因此科技人才通常追求学习新的技术和方法,以保持竞争力并不断提升自己的实际操作能力。首先,专业技能的拓展使科技人才能够适应行业的发展。随着科技不断进步,新的技术和方法涌现,通过拓展专业技能,科技人才可以更好地适应新的科研和工作环境,在行业中保持竞争力。其次,拓展专业技能有助于提高科技人才的综合素质。学习新的技术和方法不仅增强了科技人才在特定领域的专业能力,还能够培养解决问题的灵活性和创新性,使其更具全面发展的潜力。流动到提供更多技能拓展机会的地区或企业,科技人才有机会接触到最新的科技发展,学到新的技能。这种技能的拓展不仅满足了他们对于学习的渴望,也使其更具有市场竞争力。因此,提供更多技能拓展机会是企业或地区在吸引和留住高水平科技人才方面的一项关键举措。通过搭建培训平台、提供学习资源,企业能够更好地满足科技人才对于技能拓展的需求,促使他们更好地适应行业变化,推动科技领域的创新和发展。

5.职业规划的实现

科技人才通常会设定职业生涯中的目标,如成为某一领域的专家、在学术界取得更高的地位等。流动成为实现这些目标的一种手段,满足科技人才对自身成就的期望。首先,流动可以为科技人才提供更广阔的职业发展空间。在新的地区或企业,他们可能获得更多的机会参与不同类型、规模的项目,提升自己的职业水平,实现个人的职业规划。其次,流动也可以让科技人才获得更多的学术认可。在不同的学术环境中工作,参与更具挑战性的研究项目,有助于提高他们在学术界的声望,推动个人职业规划的实现。流动成为实现职业规划的一种手段,使科技人才能够更灵活地调整自己的职业发展方向,追求更符合个人兴趣和目标的职业路径。因此,企业或地区通过提供更多职业发展机会、鼓励流动,能够更好地吸引和留住追求职业规划的科技人才。这也有助于培养和保持员工的积极性,推动整个科技领域的不断创新和发展。

第二节　科技人才的行为要素及测量

在科技人才评价的过程中,行为要素及其测量是至关重要的。科技人才的行为要素包括其在工作中展现的各种能力和素质,而测量则是通过定量或定性的方式对这些要素进行客观评估。

一、人才创新能力测量

创新能力是科技人才评价中的重要因素之一。测量创新能力可以通过科技人才在过去项目中提出的创新点、解决问题的独特方法、申请的专利数量等进行定性和定量的评估。此外,也可以通过对科技人才对新技术、新理论的敏感性和应用能力进行考察,以及其是否在行业会议上发表了创新性的研究成果等方面进行测量。

（一）过去项目中的创新点评估

评估科技人才在过去项目中的创新点,能够深入了解科技人才在实际工作中的创新表现,为其未来的工作能力提供有力的参考。首先,关注科技人才在过去项目中是否能够提出独特的想法。创新往往源于对问题的独立思考和独特见解。科技人才是否能够在项目中提出不同寻常的观点,表明了其创新思维的活跃程度。其次,评估科技人才是否能够提供前瞻性的解决方案。在科技领域,对未来趋势的敏感性和对问题的长远思考是创新能力的体现。科技人才是否能够在过去项目中提出具有前瞻性的解决方案，反映了其对行业发展方向的深刻理解。最后，对项目报告、研究论文等文档的审查是获取信息的关键途径。这些文档记录了科技人才在项目中的具体工作和成果，通过仔细分析可以发现其中的创新亮点，为评估提供有力的依据。总体而言，过去项目中的创新点评估是科技人才综合素质评价的一个重要方面，通过详细的审查和分析，能够更全面地了解其创新能力，为未来的工作和发展提供指导和参考。

（二）解决问题独特方法的评估

解决问题的方法往往是评估科技人才创新能力的重要指标之一。采用独特、非传统的方法来解决问题，体现了科技人才具有创造性思维和灵活性的一面。首先，关注科技人才是否采用了独特的方法来解决问题。在面对各种挑战和复杂问题时，采用不同寻常的方法可能会带来更有创意的解决方案。科技人才是否能够在项目中展现出对问题独特的见解和处理方式，是创新能力的体现。其次，评估科技人才是否能够在面对挑战时展现创造性的思维。创造性思维意味着能够突破传统的思维框架，提出新颖的、有创意的解决方案。科技人才在解决问题的过程中是否能够展现出创造性思考，对于评估其创新能力具有重要意义。深入分析项目过程和解决方案，可以从多个维度评估科技人才的创新水平，包括对其方法的独特性、创造性思维的体现、解决方案的实际效果等方面的综合考察。通过这样的评估，能够更全面地了解科技人才在解决问题方面的创新表现。

（三）专利数量的定量评估

专利既是对创新成果的一种正式认可，也是科技人才在知识产权领域的表现。专利数量的定量评估是评价科技人才创新能力的一种直观而有效的方法。首先,专利数量反映了科技人才的创新频率。更多的专利数量通常意味着科技人才在其领域内取得了更多的创新成果,表明其在解决问题和提出新方法方面的持续努力和成功。其次,专利数量可能反映科技人才在行业中的影响力和贡献度。获得专利不仅仅是对个体创新的认可,也是对其在行业中发挥作用的证明。在同等创新水平的情况下,拥有更多专利的科技人才可能在行业中具有更大的影响力。定量评估专利数量时,还可以考虑专利的质量和领域覆盖面。某些专利可能在技术上更为重要,而某些专利可能涵盖的领域更广泛。因此,在分析专利数量时,综合考虑这些因素可以更全面地评估科技人才的创新能力。总体而言,专利数量的定量评估是一个直观而有力的方法,能够为科技人才的创新能力提供客观的衡量标准。

（四）对新技术、新理论的敏感性和应用能力的考察

在科技领域,不仅要有对现有知识的创新,还需要有对新兴技术和理论的敏感性以及灵活的应用能力。首先,关注科技人才对新兴技术的关注程度。科技领域的发展速度很快,对新兴技术的敏感性表明科技人才对行业发展趋势的把握能力。能够及时了解并关注新的科技成果,有助于在工作中引入先进的技术手段,推动项目的创新发展。其次,考察科技人才在实际工作中对新技术、新理论的应用能力。具备将新理论创新性应用于实际项目的能力,意味着科技人才并没有停留在理论层面,还具备将新知识转化为实际应用的价值。这种应用能力是创新过程中的关键一环。对科技人才的考察可以包括其在项目中应用新技术的案例、参与过的具有新理论应用的研究等方面。通过对这些

实际经历的考察，能够更全面地了解科技人才的创新能力在新技术、新理论应用方面的水平。

二、团队合作能力测量

科技人才通常需要在团队中合作完成项目，测量团队合作能力可以通过科技人才在过去项目中的协作经验、团队成员的评价、解决团队内冲突的能力等进行评估。此外，可以通过模拟团队工作的场景或案例来测试科技人才在协同工作中的表现，以全面了解其团队合作能力。

（一）过去项目中的协作经验评估

团队协作在科技领域中尤为重要，因为大多数项目都需要多名人员的协同工作。首先，分析科技人才在过去项目中是否能够与团队成员有效协同工作。这包括在项目的不同阶段与团队成员的有效沟通、共同解决问题、分享资源和信息等。科技人才是否能够在团队中发挥协同作用，对于其团队合作能力的评估至关重要。其次，通过项目报告、团队评估等文档的审查，可以了解科技人才在团队合作中的具体表现。这些文档记录了项目的整体进展、分工情况、团队成员的贡献等信息，有助于客观评价科技人才在团队中的角色和贡献。最后，与团队成员的面谈也是获取信息的重要途径。通过与团队成员的交流，可以深入了解科技人才在协作中的沟通方式、解决问题的方法、处理冲突的能力等方面的表现。总体而言，过去项目中的协作经验评估是科技人才团队合作能力评价的重要手段，可以提供详细而全面的信息，帮助企业更好地了解科技人才在团队环境中的表现。

（二）团队成员的评价和反馈

科技人才自身对自己的表现有时难以客观评价，因此从团队成员的角度获取反馈可以提供更全面、客观的信息。为了确保评价的真实性和公正性，采取匿名调查和 360 度反馈等方式是很明智的选择。匿名调查能够让团队成员更自由地表达意见，不受担忧或压力的影响，从而更真实地反映他们对科技人才在合作中的表现的看法。360 度反馈则涉及从多个角度收集反馈，包括同事、上级、下属等不同层次的团队成员。这种多角度的反馈考虑到科技人才在不同层级和角色中的影响和表现，可以帮助建立更全面的评估。通过这些评价和反馈，团队可以更清晰地了解科技人才在合作中的优势和改进空间，有针对性地进行培训和发展。同时，这也有助于建立开放的沟通氛围，促进团队成员之间的互信合作，为团队整体的发展打下坚实基础。

（三）解决团队内冲突的能力评估

评估科技人才解决团队内冲突的能力，需要综合考虑其积极性、沟通技巧、问题解决能力等多个因素。一种评估方法是通过案例分析，将科技人才置身于模拟的冲突情境中，观察其应对冲突的方式和策略。这可以评估他们是否能够冷静分析问题、理性表达意见，并寻求合适的解决方案。同时，模拟情境也能考察他们在压力下的表现，因为真实的团队冲突通常伴随有一定的紧迫感和情绪压力。另一种方式是直接观察科技人才在实际团队合作中的表现，特别是在面对分歧或冲突时的反应。这可以通过团队日志、会议记录等方式收集信息，了解他们是如何处理团队内部冲突的，以及是否能够促成团队的和谐与进步。通过这些评估方法，团队可以更全面地了解科技人才解决团队内冲突的能力,并有针对性地提供培训和支持,以进一步提升团队合作的效果。这也有助于培养团队中具有协调能力和解决问题技能的人才,为团队的长期成功打下坚实基础。

（四）模拟团队工作的场景测试

模拟团队工作的场景测试是一种非常有效的方式,可以更全面地评估科技人才的团队合作能力。这种测试可以包括模拟团队会议、项目协作、紧急决策等场景,使科技人才置身于真实的工作环境中,从而观察他们的沟通技巧、团队协作意识、领导潜力以及解决问题的能力。这样的模拟测试能够更直观地展现科技人才在团队中的角色定位和应对挑战的能力。此外,通过引入一些不确定性因素,如时间压力、资源限制等,还可以测试他们在压力下的表现,有助于了解科技人才是否能够在不确定的情况下保持冷静,有效地组织团队并达成目标。通过模拟团队工作场景,可以更准确地评估科技人才的团队合作能力,发现其优势和潜在的改进点,为制定有针对性的培训计划和提高整体团队效能提供有力的支持。

三、问题解决能力测量

问题解决能力是科技人才评价中的核心要素之一。测量问题解决能力可以通过分析科技人才在过去项目中面临的问题,以及他们采取的解决方案的实际效果。此外,可以通过模拟问题场景或提供实际情境来测试科技人才在面对问题时的反应和解决方法,以客观评估其问题解决能力。

（一）过去项目中问题的分析与解决方案的评估

分析过去项目中的问题和相应解决方案是评估科技人才问题解决能力的重要手段。通过仔细审查项目报告、记录和相关文档，可以深入了解科技人才在实际工作中所面对的挑战以及他们选择的解决方案。首先，关注项目中的具体问题，了解这些问题的性质、复杂性和紧迫性，以及它们对项目进展和目标的影响。这有助于确定科技人才所面临的实际情境，而不仅仅是理论层面的抽象问题。其次，评估采取的解决方案，包括对解决方案的创新性、实用性、可行性的评估。关注科技人才是否能够提出切实可行的解决方案，是否能够在有限资源和时间下做出明智的决策。还可以关注解决方案的实施过程，了解他们在执行解决方案时的协调能力和团队合作能力。这种定性的分析方法可以更全面地揭示科技人才解决问题的能力，为进一步的发展提供有针对性的建议。通过对过去项目经验的深入挖掘，团队可以更好地了解科技人才的潜力和成熟度，为未来的项目和挑战做好准备。

（二）解决方案的实际效果评估

评估解决方案的实际效果可以通过多种方式进行，以获取全面的信息。首先，关注项目的后续评估。了解问题解决方案在项目实施后的影响，包括是否达到了预期的目标，是否带来了可量化的改进。这可以通过项目报告、绩效指标和关键成果指标的分析来进行。其次，收集客户反馈。了解解决方案对客户满意度的影响，以及客户是否认为解决方案真正解决了其问题。客户的反馈是一个重要的实际效果指标，因为最终用户对解决方案的接受程度直接关系到其成功与否。最后，可以通过成果展示和分享会等方式，让科技人才展示他们的解决方案并接受同行和领导的评价。这种交流和分享的过程能够揭示解决方案的创新性和实际应用情况，同时也促进经验的分享和团队学习。通过这些方式收集信息，团队可以更全面地评估科技人才的问题解决能力，并为日后的项目提供经验教训。这种实际效果的评估有助于不断改进和优化团队的问题解决流程，提高整体的绩效水平。

（三）模拟问题场景的测试

模拟问题场景的测试可以更全面地评估科技人才的问题解决能力。首先，设计具有挑战性的问题情境。这可以是一个技术性问题、项目管理上的难题，或者是团队合作中的矛盾情境。通过模拟不同类型的问题，可以评估科技人才在各种情境下解决问题的能力。其次，观察科技人才的反应速度和决策过程。问题解决通常需要快速而明智的决策，因此观察他们在有限时间内如何分析问题、制订解决方案，并展现出的冷静和果断的特质。最后，评估解决方案的有效性。看看科技人才提出的解决方案是否切实可行，是否能够在模拟的问题场景中成功解决挑战。这可以通过专业评审、团队讨论等方式进行。通过模拟问题场景的测试，可以更客观地了解科技人才的实际操作能力和应对挑战的能力。这种方法不仅可以用于招聘时的评估，也可以作为培训和发展的一种工具，帮助科技人才不断提升其解决问题的能力。

（四）提供实际情境的考察

提供实际情境的考察是一种非常贴近实际的测试方法，可以更真实地了解科技人才在工作中的问题解决表现。这种方法有几种实施方式：首先，实地考察。让科技人才亲身参与现有项目或团队，观察他们在实际工作场景中的表现。这可以包括参与会议、项目讨论、与团队成员合作等,以考察他们的团队协作能力和解决问题的实际操作能力。其次,项目实习或临时任务。将科技人才安排在实际项目中,让他们在真实的工作环境中面对问题和挑战。这种方式不仅能测试他们的技术能力,还能了解他们在协作、沟通和解决问题方面的综合能力。另外,采用任务驱动的评估也是一种有效的方式。设计一些具有挑战性的任务,要求科技人才在一定时间内完成,并评估其解决问题的方法和结果。这可以模拟真实工作中的紧急情况,测试他们在有限时间内的反应和应对能力。通过提供实际情境的考察,团队可以更全面地了解科技人才的工作表现,包括他们在实际项目中面对的挑战、采取的解决方案以及整体的综合能力。这种方法能够提供更具体、有深度的评估,有助于团队更好地了解和利用科技人才的潜力。

四、协调沟通能力测量

科技人才的沟通能力对于项目的顺利进行和团队协作至关重要,可以通过分析科技人才在会议、报告、论文中的表达能力,以及在团队中是否能够清晰有效地传递信息,来测量沟通能力。此外,可以通过模拟演讲或面试等方式,测试科技人才在不同场景下的沟通表现,全面了解其沟通能力水平。

(一)文档表达能力的评估

文档表达能力的评估对测量科技人才的综合素质至关重要。以下是一些常见的评估方法:(1)进行文档审查。通过仔细阅读科技人才的报告、论文或其他书面文档,评估其语言表达是否清晰、逻辑结构是否合理、专业术语使用是否准确。注意文档的整体质量,包括格式、排版、图表等方面。（2）制定评分标准。明确评估文档表达的关键要素，例如语法和拼写、逻辑结构、专业术语的正确使用等。为每个要素设定明确的评分标准，以确保评估的客观性和一致性。（3）可以考虑多角度评估。邀请多位专业人士或同行参与文档评估，以获取不同视角的反馈，有助于确保评估结果更全面、客观。（4）可以通过给予反馈和建议来促进科技人才的提升。不仅告诉他们文档存在的问题，还指导他们如何改进，以便在今后的工作中更好地表达和沟通。通过这些评估方法，团队可以更全面地了解科技人才的文档表达能力，为其提供有针对性的培训和发展建议，进一步提高团队的整体效能。

（二）口头表达能力的评估

评估口头表达能力是确保科技人才在团队中有效沟通的关键。以下是一些常见的评估方法：（1）实际观察。在会议、讨论或演讲中，观察科技人才的语言表达流畅度、表达思想的条理性、回答问题的清晰度等方面。这可以通过直接参与会议或通过录音回放等方式进行观察。（2）收集团队成员的反馈。询问其他团队成员关于科技人才口头表达能力的观点，了解他们的感受和意见。这可以通过匿名调查或定期的团队评估会议进行。（3）设计一些口头表达任务，让科技人才在模拟场景中进行口头表达。这可以包括简短的演讲、团队讨论中的主题发言等。通过这种方式，可以更具体地了解他们在口头表达方面的实际能力。在评估过程中，注意关注非语言因素，如肢体语言、语调、声音的音量和节奏等。通过综合考虑这些评估方法的结果，团队可以更全面地了解科技人才的口头表达能力，并为其提供有针对性的培训和发展建议，以进一步提升其在团队中的沟通效果。

（三）模拟演讲或面试的测试

模拟演讲或面试的测试是一种有利的方式，可以更全面地评估科技人才的沟通能力。（1）设计模拟场景，确定特定的主题或问题，要求科技人才在有限时间内进行演讲或回答。这可以包括技术领域的问题、项目经验的分享，或者是团队协作和沟通方面的场景。（2）观察口头表达能力。关注科技人才语言表达的流畅度、清晰度、逻辑性等方面。同时，注意他们在回答问题时的思考过程和灵活性，以及在模拟场景下应对压力的能力。（3）可以邀请专业人士或团队成员参与评估。他们可以提供更多维度的反馈，从专业性到人际交往能力等方面进行评估。在评估过程中，可以录制演讲或面试的视频，以便后续更仔细地观察语言和非语言表达，并提供更具体的建议。通过模拟演讲或面试的测试，团队可以了解科技人才在压力下的表达能力，为培训和发展提供更有针对性的建议。

（四）跨领域沟通能力的考察

考察跨领域沟通能力是确保科技人才在多学科团队中协作的重要一环。首先，关注项目经历。审查科技人才在过去项目中是否有与其他领域专业人士协作的经验，了解他们在这些项目中是如何进行跨领域沟通的，是否能够有效地理解和解释不同领域的专业术语。其次，回顾团队协作案例。通过回顾过去的团队协作案例，了解科技人才在解决问题时是否能够协调不同领域的团队成员，推动项目向前发展。这可以通过团队会议记录、合作文件等进行考察。最后，进行模拟跨领域团队协作的场景测试。设计一些情境，模拟科技人才需要与其他领域专业人士合作的情况，观察他们的沟通能力和协作效果。在评估过程中,注意科技人才是否具备倾听和理解其他领域专业人士的能力,以及是否能够用简洁明了的语言向非专业人士解释复杂的技术概念。通过这些考察方法,团队可以更全面地了解科技人才的跨领域沟通能力,为团队协作提供更有效的支持。这也有助于发展团队成员的跨领域合作技能,提高团队的综合素质。

五、综合领导能力测量

测量领导能力可以通过分析科技人才在过去项目中领导团队、完成项目管理的经验,以及团队成员对其领导风格的评价。此外,可以通过模拟领导团队的场景来测试科技人才在领导层面的表现,以全面评估其领导能力。

(一)过去项目中的领导经验评估

过去项目中的领导经验是评估科技人才领导能力的一个重要指标。首先,仔细审查项目管理报告。项目管理报告通常包含项目的目标、计划、进展情况以及问题和解决方案等信息。通过分析这些报告,可以了解科技人才在项目中的角色和领导责任,以及他们在项目管理方面的表现。其次,关注团队合作记录。通过团队会议记录、合作文件等文档,观察科技人才在团队协作中的领导作用,了解他们是否能够有效地促进团队合作、调解团队内部冲突,并推动项目向前发展。再次,考虑项目完成的质量。一个成功的项目领导者不仅要关注项目的进度管理,还需要确保项目达到高质量的结果。通过评估项目的交付成果,可以了解科技人才在项目完成方面的能力。最后,在评估过程中,也可以考虑团队成员的反馈。收集团队成员对科技人才领导风格和效果的看法,以获取更全面的信息。通过综合考虑这些信息,团队可以更全面地了解科技人才在过去项目中的领导经验,为未来的团队建设和领导层面的发展提供有力的参考。

(二)团队成员对领导风格的评价

团队成员对领导风格的评价是领导能力评价的一个重要维度。获取团队成员的反馈可以提供更全面、客观的领导能力评估。首先,采用匿名调查。设计问卷或调查表,让团队成员在匿名的情况下提供对科技人才领导风格的评价。这可以帮助成员更自由地表达意见,提高反馈的真实性。其次,使用360度反馈。360度反馈涉及从多个角度收集反馈,包括直接上级、同事、下属等。这可以提供更全面的评价,因为不同角度的人可能会有不同的观点和体验。最后,定期组织团队反馈会议。在团队会议中设立时间,让团队成员分享对领导风格的观察和建议。这种实时的反馈能帮助科技人才及时调整领导方式,并加强团队的互动和合作。在收集反馈时,关注一些关键方面,如沟通效果、团队合作氛围、决策透明度等,有助于揭示领导风格的优势和潜在的改进点。通过团队成员的评价,科技人才可以更全面地了解自己的领导风格在团队中的影响力,团队也能够通过这些反馈指导领导力的培训和团队发展。

(三)项目管理经验的考察

考察项目管理经验是评估科技人才领导能力的关键方面。首先,审查项目经历。了解科技人才在过去的项目中是否担任过项目管理职务,以及项目的规模、复杂性等情况。审查项目文档、报告和相关资料,以获取对其项目管理经验的详细了解。其次,关注项目的实际成果。

评估科技人才在项目管理中是否成功实现项目目标,以及项目是否按照计划和预期顺利完成。这包括项目的交付质量、进度管理、资源分配等方面。最后,考虑风险管理和问题解决。了解科技人才在项目中如何处理风险、解决问题,以及是否能够灵活应对变化。在考察中,也可以采用面谈的方式。通过面对面的交流,询问有关项目管理的具体问题,以深入了解科技人才在项目管理中的思考和决策过程。通过对项目管理经验的考察,团队可以更全面地了解科技人才的领导能力,为其在未来的项目和团队管理中提供更有针对性的支持和发展建议。

(四)模拟领导团队的场景测试

模拟领导团队的场景测试是一种有效的评估方法,可以更真实地了解科技人才的领导能力。首先,设计模拟情境。选择与实际工作场景相关的领导挑战,例如处理团队内部冲突、制定团队目标、应对紧急情况等。确保模拟情境具有挑战性,能够有效地考察领导者在压力下的反应和决策。其次,观察领导风格。在模拟环境中,观察科技人才的领导风格,包括沟通方式、决策过程、团队激励等方面。了解他们在模拟情境中是如何引导团队、做出决策的。再次,模拟团队互动。邀请其他团队成员参与模拟情境,以模拟真实团队中的协作和互动。这有助于观察科技人才在团队中的领导作用和与团队成员的协作能力。最后,在模拟测试结束后,及时进行反馈,包括科技人才分享观察到的优点和改进点,以及在模拟情境中的表现。团队应帮助科技人才更好地了解自己的领导风格,并提供指导以进一步提升其领导能力。通过模拟领导团队的场景测试,团队可以更全面地了解科技人才在领导层面的实际表现,为其提供有针对性的发展建议和培训,以提高整体的领导能力水平。

第三节　新型研发机构科技人才评价体系建设思考

一、明确评价目标和指标体系

通过明确目标,确定评价科技人才的核心素质、关键绩效指标,并建立完整的指标体系,以确保评价的准确性和全面性。

(一)设定评价目标

设定评价目标是科技人才评价体系建设的关键一步。首先,明确评价的目的。确定评价的主要目标,是提供反馈、制订培训计划、激励绩效,还是作出人才决策等,不同的目标会影响评价体系的设计和实施方式。在设定评价目标时,建议通过与团队成员、领导层的沟通,获取多方面的意见和需求。这有助于确保评价目标符合整个团队的期望和目标。其次,界定评价的范围。确定评价体系覆盖的范围,包括技术能力、领导力、团队合作等方面。清晰的范围有助于集中精力评估最关键和最相关的素质。再次,明确核心素质和绩效指标。识别关键的素质和能力,以及衡量这些素质的具体绩效指标。这有助于确保评价的客观性和具体性,使得评价结果更为准确。最后,设定可量化的目标。尽量将评价目标量化,以便更容易衡量和比较绩效。通过明确设定评价目标,科技人才评价体系可以更好地服务于组织的发展需求,并确保评价的公正性和准确性。

（二）确定核心素质

确定评价科技人才的核心素质是评价体系建设的重要一步。首先，进行需求分析。与团队成员、领导层以及其他相关利益相关者进行沟通，了解他们对科技人才的期望和需求。从不同角度获取反馈，有助于确定最关键和有影响力的核心需求。其次，明确技术能力要求。在科技领域，技术能力通常是最基础和最关键的核心素质之一。根据具体的技术领域，明确所需的技术技能、知识和经验。再次，考虑创新和问题解决能力。科技人才通常需要具备创新思维和解决复杂问题的能力。确定评价体系中关于创新和问题解决的核心素质，以确保科技人才在面对挑战时能够有效应对。复次，在团队合作能力方面，明确合作和沟通的要求。科技人才通常在团队中工作，因此具备良好的团队合作和沟通技能是至关重要的。明确评价这方面素质的标准，有助于提高团队整体的协作效果。最后，考虑领导力和管理能力。如果科技人才在团队中担任领导职务，那么领导力和管理能力也应该是核心素质之一。明确领导层面的期望，以确保评价体系对于领导者的需求是明确的。通过明确核心素质，评价体系能够更准确地反映科技人才的全面素质，帮助他们在各个方面提升和发展。

（三）建立关键绩效指标

建立关键绩效指标是科技人才评价体系建设中至关重要的一步。首先，对每个核心素质明确相关的指标。确保每个核心素质都有明确的绩效指标与之对应，包括技术能力的特定技能要求、创新能力的项目贡献、团队合作的协作案例等。其次，量化指标。尽量将指标量化，以便更容易衡量和比较绩效。使用具体的数据、数字或百分比，以确保指标是客观、可操作的。再次，明确评价标准。为每个指标设定清晰的评价标准，以便评估科技人才在各个方面的表现。这有助于确保评价的公正性和一致性。在建立关键绩效指标时，考虑不同职务和层级的差异。不同的职务和层级可能需要不同的指标和标准，以反映其在组织中的不同角色和责任。最后，与团队成员共同制定指标。通过与科技人才一起讨论和制定绩效指标，可以增加其对评价体系的参与感和认可度。这有助于建立积极的评价文化和促进个人的发展。通过建立关键绩效指标，科技人才评价体系可以更好地反映其在不同方面的实际表现，为个人发展和团队管理提供科学的依据。

（四）构建完整指标体系

构建完整的指标体系是科技人才评价体系中的关键环节。首先，整合核心素质和关键绩效指标。将明确的核心素质与相关的绩效指标有机地整合在一起，确保每个核心素质都在指标体系中得到全面的反映。其次，考虑指标的权重和关联性。为每个指标分配适当的权重，以反映其在整体评价中的重要性。同时，考虑各指标之间的关联性，确保它们能够形成一个相互协同作用的评价框架。再次，确保指标的可操作性。每个指标都应该是具体、可测量和可操作的，以便评价者能够清晰地了解和评估科技人才在不同方面的表现。在构建指标体系时，也要考虑不同层级和职责的员工可能需要不同的指标体系，灵活调整指标以适应不同角色和责任，使得评价更具针对性和实用性。最后，进行反复验证和修正。通过实际应用和反馈，不断验证指标体系的有效性，并根据需要进行修正和优化。这有助于确保指标体系能够适应组织的变化和发展需求。通过构建完整的指标体系，科技人才评价体系可以更全面地反映其在各个关键领域的表现，为科技人才的发展和组织目标的实现提供有力的支持。

二、建立综合评价模型体系

（一）确定评价维度

首先，进行需求分析。与团队成员、领导层以及其他相关利益相关者进行沟通，了解他们对科技人才的期望和需求。从不同角度获取反馈，有助于确定最关键和有影响力的评价维度。其次，考虑多个关键领域。评价维度应该涵盖科技人才在不同方面的表现，例如技术能力、创新能力、领导力、团队协作、沟通能力等。确保评价维度的多样性，以全面了解科技人才的综合素质。再次，关注核心业务需求，应考虑组织当前和未来的发展方向，从而确定与业务需求相关的评价维度。评价维度应该与组织的核心业务需求相匹配，确保评价体系能够直接服务于组织的战略目标。在确定评价维度时，也要考虑不同职务和层级之间的差异。不同的职务可能需要侧重不同的维度，以反映其在组织中的不同角色和责任。最后，确保评价维度的互相关联。评价维度之间应该存在一定的关联性，以便能够形成一个有机的整体。科技人才的表现往往是多维度的，评价体系应能够综合考虑这些方面。

（二）确定评价指标

首先，与评价维度对应。每个评价指标应该与明确定义的评价维度直接相关。例如，在技术能力维度下，评价指标可以包括专业知识掌握、技术创新能力等。其次，量化指标。评价指标应该是可以量化的，以便更容易衡量和比较绩效。使用具体的数据、数字或百分比，以确保指标是客观、可操作的。再次,考虑多样性。在确定评价指标时,要考虑科技人才的多样性和多维度性,确保评价指标能够涵盖科技人才不同方面的表现。在确定评价指标时,也要考虑不同职务和层级之间的差异。不同的职务可能需要侧重不同的指标,以反映其在组织中的不同角色和责任。最后,确保指标的可操作性。每个评价指标都应该是具体且可操作的,评价者能够清晰地了解和评估科技人才在不同方面的表现。

（三）权重分配和层次结构

首先,确定各评价维度的权重。考虑到不同维度对于整体评价的贡献度,为每个评价维度分配适当的权重。例如,技术能力在科技人才评价中可能具有较高的权重。其次,确定各评价指标的权重。在每个评价维度下,为不同的评价指标分配权重,以反映其对于该维度的重要性,确保权重的分配能够符合实际业务需求和组织的战略目标。再次,建立层次结构。将评价维度和指标按照层次结构进行组织,确保评价模型有清晰的层次关系。例如,将技术能力、创新能力等评价维度置于更高的层次,下设具体的评价指标。在建立层次结构时,应考虑指标之间的相互关系,确保指标之间存在逻辑上的层次结构,使得评价模型更具层次性和系统性。这有助于评价者更清晰地理解各项指标的重要性和关联性。最后,与利益相关者共同讨论和确认。与团队成员、领导层以及其他相关利益相关者一起讨论评价维度和指标的权重分配和层次结构,确保各方对于模型的设计有共识和理解。

（四）建立综合评价模型

首先,整合评价维度、指标和权重。将确定的评价维度、指标和相应的权重有机地整合在一起,形成一个完整的层次结构,确保各项元素之间的关联性和层次关系。其次,建立评价公式。为每个评价指标和维度建立相应的评价公式,以便将各项指标综合为一个综合得分。公式应能够反映权重分配和指标的量化值。再次,考虑分值标准和评价等级。确定综合评价模型的分值标准和评价等级,以便将综合得分转化为可理解的评价结果。这有助于更直观地理解科技人才的整体表现水平。最后,进行验证和调整。通过实际应用和反馈,不断验证综合评价模型的有效性,并根据需要进行调整和优化。这有助于确保评价模型能够真实地反映科技人才的表现和潜力。在建立综合评价模型时,考虑模型的灵活性。评价模型应能够适应组织的发展和变化,以便根据实际需求进行调整和优化。通过建立综合评价模型,科技人才的评价可以更全面、客观地进行,为科技人才的发展和组织的决策提供科学的依据。

三、制定评价标准和量化方法体系

(一)明确评价标准

首先,明确每个评价维度的标准。对于每个评价维度,明确不同评价等级或分数范围所代表的表现水平。例如,对于技术能力维度,不同的评价等级可能与专业知识掌握、技术创新能力等具体指标相关联。其次,定义每个指标的达标标准。在每个评价维度下,对各个评价指标也要明确达标的标准。这可以包括具体的技术技能要求、项目经验要求等,确保评价标准与实际工作要求和组织目标相一致。再次,考虑不同层级和职务的差异。不同层级和职务的科技人才可能面临不同的工作要求和期望,因此评价标准应该考虑到这些差异,以保持公平和合理性。复次,考虑未来发展的可能性。灵活设计评价标准,使其能够适应组织的变化和科技领域的不断发展。这有助于确保评价体系的持续有效性。最后,与团队成员和领导层共同讨论和确认。通过与相关利益相关者的沟通,确保评价标准得到共同认可。这可以通过讨论会议、培训等方式进行。通过明确评价标准,科技人才评价体系可以更具科学性和透明性,为科技人才的个人发展和组织目标的实现提供明确的方向。

（二）建立评分体系

首先,为每个评价标准确定相应的分值范围。根据评价标准的不同等级或层次,为每个标准分配具体的分数范围。确保分值的设定能够清晰地反映不同表现水平之间的差异。其次,确保评分体系的公正性。评分体系应该能够客观、公正地反映科技人才的实际表现,避免主观性和歧视性,确保评分的过程是公平的。再次,考虑到权重分配。如果各个评价维度和指标有不同的权重,确保评分体系中也考虑到这些权重的分配。分值的权重应该与评价模型中的权重相一致。在建立评分体系时,可以采用百分制、五级或十级等不同的分制,根据组织的实际需求和偏好进行选择。最后,进行测试和调整。在实际应用之前,对评分体系进行测试,通过模拟评价和实际案例的应用,验证其有效性。同时根据测试结果对评分体系进行调整,确保评分体系的科学性和实用性。通过建立科学合理的评分体系,可以使科技人才的综合评价更具可比性和客观性,有助于组织更全面地了解科技人才的实际表现水平。

（三）引入量化方法和数据分析工具

首先,选择适当的数据分析工具。根据评价体系的需求和组织的技术水平,选择适用的数据分析工具,例如统计软件、数据挖掘工具等,确保选用的工具能够满足科技人才评价数据的分析和处理需求。其次，建立数据收集和管理系统，确保评价数据能够被准确、及时地收集和管理。建立合适的数据结构和数据库，以支持后续的数据分析工作；同时考虑数据的可追溯性和完整性。再次，利用统计分析方法，如平均值、标准差、相关性分析等。通过统计手段，可以更全面地理解评价结果的分布和趋势，提高评价的客观性。复次，在引入量化方法时，要考虑不同维度和指标的权重。根据评价体系的设计，将不同维度和指标的权重纳入数据分析的考虑，以确保综合评价结果的合理性。最后，进行模型验证和优化。通过实际应用和反馈，验证量化方法的有效性，并根据需要进行优化。这可以通过与实际绩效数据的对比、模型的灵活调整等方式进行。引入量化方法和数据分析工具可以提高科技人才评价的科学性和客观性，为组织提供更准确的决策支持。通过深入分析评价数据，可以挖掘更多有价值的信息，促使科技人才的发展和组织目标的实现。

四、建设信息化评价平台体系

（一）整合评价数据来源

首先，明确数据来源。确定需要整合的各类评价数据来源，包括学术论文、项目经验、团队合作、培训记录等，确保涵盖评价体系所关注的关键方面。其次，建立数据标准和格式。统一不同数据来源的标准和格式，以确保数据能够在平台上进行有效的整合和比较。考虑采用通用的数据标准，如 XML、JSON 等，以提高数据的互通性。再次，制定数据整合策略。考虑采用何种方式对不同数据来源进行整合，例如通过 API 接口（application programming interface，应用程序编程接口）、数据导入导出等方式,确保整合策略能够满足平台的需求,并在数据传输过程中保障数据的安全性和完整性。在整合评价数据时,要注意数据的质量:进行数据清洗和验证,确保数据的准确性和一致性;处理可能存在的重复、缺失或错误的数据,以提高整合后评价结果的可信度。最后,进行系统集成和测试。将整合的评价数据与信息化评价平台进行系统集成,确保平台能够正确处理和展示整合后的数据。进行系统测试,验证整合过程的稳定性和平台的性能。通过整合各类评价数据来源,信息化评价平台能够为科技人才提供更全面、准确的评价信息,支持更科学、客观的评价和决策过程。

（二）提供在线评价工具

首先,设计用户友好的界面,确保在线评价工具的界面简洁清晰、易于操作。考虑用户的体验,提供直观的导航和明确的指引,使科技人才能够轻松使用评价工具。其次,支持多种评价形式。考虑采用不同的评价形式,如自评、同事评价、上级评价、下级评价等,以满足不同评价需求。灵活的评价形式能够更全面地了解科技人才的综合表现。再次,考虑移动端适配。确保在线评价工具能够在各类设备上顺利运行,包括电脑、平板和手机。支持移动端适配有助于提高评价的灵活性和便捷性,让科技人才可以随时随地进行评价。复次,注重数据安全。采取必要的安全措施,保障评价数据的机密性和完整性。使用安全的数据传输协议和存储方案,以防止潜在的安全风险。最后,进行用户培训和反馈。为科技人才提供必要的培训,以确保他们能够熟练使用在线评价工具;定期收集用户的反馈,不断优化评价工具的功能和性能。通过提供便捷、灵活的在线评价工具,信息化评价平台可以更有效地收集科技人才的评价数据,支持更全面、实时的评价和反馈。

（三）设计分析报告功能

首先，采用数据可视化技术。利用图表、图形等数据可视化手段，将评价数据以直观的方式呈现，有助于科技人才理解评价结果，发现自身的优势和改进空间。其次，提供个性化的分析报告。考虑科技人才的不同背景和发展需求，设计能够生成个性化分析报告的功能。这包括根据不同评价维度、指标等进行详细分析，为科技人才提供有针对性的发展建议。再次，支持趋势分析和历史记录。通过对评价数据的趋势分析，帮助科技人才了解自己的发展轨迹，并对未来的发展方向有更清晰的认识。同时，提供历史记录功能，让科技人才可以查看过去的评价结果，追溯自己的成长历程。复次，考虑与其他系统的集成。确保分析报告的数据可以与其他系统进行集成，为组织决策提供更全面的信息支持。这可能涉及与人力资源管理系统、项目管理系统等的协同工作。最后，进行用户测试和反馈收集。在设计分析报告功能后，进行用户测试，收集用户的反馈意见。根据用户的实际需求和体验，不断优化和完善分析报告功能。通过设计强大而灵活的分析报告功能，信息化评价平台能够更好地支持科技人才的发展，提供更有深度的反馈和指导，促进其个人和团队的持续进步。

五、持续优化和更新体系

（一）定期审查评价目标

首先，建立明确的审查周期。确定评价目标的定期检查周期，可以是每半年、每年一次或根据组织的具体需要进行调整。明确的审查周期有助于保持评价体系的及时性和灵活性。其次，考虑组织内外因素。

在定期审查时,不仅要考虑科技领域内部的变化,还要关注外部因素,如市场趋势、竞争状况等。这有助于更全面地理解科技人才发展的背景,调整评价目标以适应变化的环境。再次,与利益相关者进行沟通。包括科技人才、团队领导、业务部门等在内的利益相关者的反馈是审查的重要依据。通过定期与利益相关者沟通,了解他们的需求和期望,从而调整评价目标以更好地服务于整个组织。在审查过程中,考虑制定具体的调整机制。如果在科技领域出现了重大变化,评价目标可能需要进行较大的调整。制定明确的调整机制,包括变更流程、沟通计划等,确保评价目标的更新是有序而透明的。最后,记录审查结果和决策过程。定期检查的结果和决策过程需要详细记录,以便追溯和总结。这有助于建立评价体系的历史档案,并为未来的审查提供参考。通过定期审查评价目标,可以确保评价体系与科技领域的变化保持同步,为科技人才提供更切实可行的发展方向。

(二)调整指标体系

首先,关注科技领域的新趋势。定期关注科技领域的新发展、新技术和新趋势,了解行业的变化和创新。这有助于识别新的关键指标,确保评价体系能够反映科技人才在最新领域的能力和贡献。其次,进行与专业领域的对话。与科技领域的专业人士、领导、学术界等保持沟通,了解他们对于科技人才评价的看法和建议。专业领域的对话可以提供更深入的理解,指导指标体系的调整。再次,考虑业务战略的变化。如果组织的业务战略发生变化,科技人才的评价指标体系可能需要相应调整以支持新的业务目标,确保指标体系与组织的整体战略保持一致。复次,注意平衡全面性和可操作性。确保指标体系既能够全面反映科技人才的能力,又不至于过于繁杂和难以操作。平衡是保持指标体系有效性的关键。最后，进行试行和反馈。在正式调整指标体系之前，可以进行小范围试行，收集用户反馈和评估效果。基于试行的结果，调整和优化指标体系，确保调整是有效的和可接受的。通过定期调整指标体系，评价体系可以更好地适应科技领域的发展，为科技人才提供更精准的评价和发展方向。

（三）修正评价标准和量化方法

首先，建立反馈机制。设立一个开放的反馈渠道，收集科技人才、团队领导和其他利益相关者的意见和建议。通过这些反馈，了解评价标准和量化方法可能存在的问题和改进的空间。其次，关注科技行业的变化。密切关注科技行业的新发展、新趋势和变革，了解科技人才在新环境下所面临的挑战和要求，同时在评价标准和方法中反映这些变化，确保评价体系与科技行业的演进保持一致。再次，利用数据分析技术。通过对评价数据的深入分析，识别潜在的模式和趋势。数据分析可以揭示评价标准和量化方法是否仍然符合实际情况，为修正提供客观的依据。在修正评价标准和量化方法时，注意与科技人才进行充分的沟通，了解他们对评价标准和方法的看法，以确保修正的科学性和可行性。透明的沟通过程可以增强科技人才对评价体系的信任和接受度。最后，进行定期的审查和修订。建立定期审查评价标准和量化方法的机制，能够确保评价体系保持灵活性和适应性且有助于及时发现并修正潜在的问题。通过不断修正评价标准和量化方法，评价体系能够更好地适应科技领域的变化，为科技人才提供更准确、全面的评价和发展方向。

六、建立反馈机制和发展规划体系

（一）建立明确的评价反馈机制

首先，设立定期反馈会议或讨论。在规定的时间内，安排专门的会议或讨论，与科技人才共同回顾评价结果。这种定期的反馈机制能够确保评价是连续、有计划的过程，并为科技人才提供更及时的指导。其次，提供具体、可操作的反馈。评价反馈应当具体到各个方面，包括技术能力、团队协作、领导力等。通过具体的反馈，科技人才能够清晰地了解自己的表现，并知道在哪些方面可以做出改进。再次，注重正面反馈。除了指出需要改进的地方，也要充分强调科技人才的优势和亮点。正面反馈有助于增强科技人才的自信心，提高他们的积极性。复次，考虑个性化需求。不同的科技人才有不同的发展需求和目标，根据个体差异提供个性化的反馈和发展建议，能够更好地满足他们的发展期望。最后，促进开放性的沟通。建立一个开放、互动的沟通氛围，鼓励科技人才分享他们对评价的理解和期望。开放性的沟通可以促进更深层次的理解和共鸣，确保反馈机制的有效性。通过建立明确的评价反馈机制，科技人才能够更全面地了解自己的表现，获得有针对性的指导，从而更好地实现个人和团队的发展目标。

（二）制定个体发展规划

首先，与科技人才进行深入的沟通，了解他们的职业目标、兴趣领域、职业发展期望等信息。通过深入的沟通，制定更切合个体需求和愿望的发展规划。其次，明确短期和长期目标。制定发展规划时，应当明确短期和长期的职业发展目标。短期目标可以是在特定项目中发挥更大作用，而长期目标可能是晋升到更高级别的职位或专业领域的拓展。再次，确定关键技能和知识的提升计划。根据评价结果和职业目标，确定需要提升的关键技能和知识，并制订具体的培训计划，可以是参加培训课程、在线学习、导师指导等形式。复次，注重平衡。考虑到科技人才的全面发展，确保发展规划不仅关注技术能力的提升，还包括团队协作、领导力等软技能的培养。最后，建立可量化的衡量标准。为发展规划设定可量化的目标和衡量标准，以便在未来的评估中能够更清晰地了解个体的发展进展。这有助于监督和调整发展计划。通过制定个体发展规划，科技人才能够更有目标地推动自己的职业发展，提升综合素质，实现个人和团队的共同成长。

（三）提供支持和资源

首先，建立培训计划。根据科技人才的发展规划和评价结果，制订针对性的培训计划。这可以包括内部培训、外部培训课程或参与专业认证项目等，确保培训计划与个体的发展目标紧密匹配。其次，提供导师支持。为科技人才分配导师，帮助他们在职业发展中获得指导和建议。导师可以分享经验、提供专业意见，促进科技人才的成长和学习。再次，分配项目资源。根据科技人才的发展规划，为他们提供参与项目的机会。参与具体项目可以让他们实践所学知识，提升实际工作经验，为职业发展积累宝贵经验。复次，注重个性化需求。不同的科技人才可能有不同的需求和偏好，因此提供个性化的支持和资源，确保能够满足他们的发展期望。最后，建立反馈机制。定期与科技人才进行反馈和沟通，了解他们在发展过程中的困难和需求。通过及时的反馈机制，能够及时调整提供的支持和资源，确保其有效性。通过提供支持和资源，组织可以更好地激发科技人才的积极性，推动他们在科技领域取得更大的成就,同时也促进整个团队和组织的创新和发展。

第四节　智能化背景下科技人才评价指标体系构建

根据《教育部关于深化高等学校科技评价改革的意见》(教技〔2013〕3 号)、《国家自然科学基金"十四五"发展规划》,结合新型研发机构的实际情况,以及相关文献资料,并结合笔者对科技人才所从事的工作性质和岗位的理解,课题组将科技人才分为基础研究人才、应用研究人才、技术转化人才以及技术支撑人才这四种类型,借鉴浙江大学、之江实验室等高校、机构的相关评价指标体系,结合智能化技术带来的新的技术手段,确定基于高校和科研院所的不同类型科技人才的评价指标体系(见表 6-1)。

表 6-1　不同类型科技人才评价指标体系

分　类	高校评价指标	科研院所评价指标
基础研究科技人才	·学术影响力(会议讲学); ·社会影响力; ·产出数量; ·学生影响力(成果收录); ·资格; ·经历	·学术影响力(会议讲学); ·产出数量; ·学术影响力(成果收录); ·社会影响力(知晓度); ·产出效益; ·资历; ·社会影响力(荣誉)

续表

分　类	高校评价指标	科研院所评价指标
应用研究 科技人才	• 产出效益； • 研究资源获取能力； • 资历和社会影响力； • 学术影响力（讲学会议）； • 权威性	• 学术影响力（会议讲学）； • 研究资源获取能力； • 资历； • 产出效益（客观事实）； • 产出效益（主观评价）； • 产出数量； • 权威性； • 社会影响力
技术转化 科技人才	• 产出效益和资历； • 影响力	• 影响力； • 产出效益； • 资历
技术支撑 科技人才	• 服务质量； • 资历	• 资历； • 服务质量

虽然基础研究人才、应用研究人才、技术转化科技人才和技术支撑科技人才有不同的评价标准，但是基本围绕着基本素质、产出和影响力展开。

一、基础研究科技人才评价指标体系

基础研究科技人才的评价以学术影响力为主，包括代表作是否开辟了新的研究领域或引领学科发展方向，对他人研究工作的产生贡献和影响等，学术成果被他人引用情况、同行认可等，见表 6-2。

表 6-2　基础研究科技人才评价指标体系

一级指标	二级指标	评价维度
影响力	学术影响力	研究成果被引用情况
		搜索系统搜索情况
		同行认可
		在国内外学术组织任职或担任学术期刊主编、副主编、编委
		代表作贡献
	社会影响力	科研成果被国家/省/市级领导批示的情况
		科研成果国际/国家/省/市/行业媒体报道情况
		获奖层次
		获奖数量
产出	产出数量	论文数量
		科研项目数量
		著作数量
		专利数量
		产品数量
	产出效益	专利的效益
基本素质	资历	毕业院校及专业
		进修情况（包括国内外进修）
		学历
		从事科研年限

二、应用研究科技人才评价指标体系

科技人才的评估以产出为主，尤其突出包括质量、经济效益和社会效益在内的产出效益，见表 6-3。

表 6-3 应用研究科技人才评价指标体系

一级指标	二级指标	评价维度
影响力	学术影响力	研究成果被引用次数
		同行认可
	社会影响力	参与/主持编制标准的数量
		参与/主持编制标准的级别（国标、部标、行标、内标）
		科研成果国际/国家/省/市/行业媒体报道情况
		科研成果被国家/省/市级领导批示情况
		科研成果市场占有率
产出	产出数量	专利、产品、标准等的数量
	产出效益	产品、专利和标准的质量
		产品、专利和标准的经济效益
		产品、专利和标准的社会效益
服务一线能力	项目来源、经费、数量、性质	项目数量
		项目来源
		项目经费
		项目创新性（由专家评审等）
基本素质	资历	职称
		学历
		毕业院校及专业
		是否入选各类人才计划工程（高层次人才计划等）

三、技术转化科技人才评价指标体系

科研机构技术转化科技人才的评价以产出效益为主，包括转化技术、专利和成果的经济和社会效益，见表 6-4。

表 6-4　技术转化科技人才评价指标体系

一级指标	二级指标	评价维度
影响力	学术影响力	转化技术领先程度(国内领先、国际领先抑或行业领先,领先多少年等)
		达成校企(所企)合作项目数量
	社会影响力	达成校企(所企)合作项目金额
		促进科技成果转化的成交数量
		促进科技成果转化的成交金额
产出	产出效益	转让技术与专利的社会效益
		转让技术与专利的经济效益
		转化成果的社会效益
		转化成果的经济效益
	产出过程	成果转化的难易程度

四、技术支撑人员的评价指标体系

科研机构技术支撑人才的评价以服务质量为主,侧重服务对象的主观评价,见表 6-5。

表 6-5　技术支撑人才评价指标体系

一级指标	二级指标	评价维度
服务质量	服务对象体验	服务对象的满意度打分(反映服务质量)
		服务对象评分(反映工作服务态度)
	服务过程和结果	所服务研究与发展活动项目的产出情况(反映服务质量)
		是否创新开发实验仪器设备
		是否创新开发实验方法
基本素质	资历	获取相关证书情况(反映操作技能水平,如技师等级证书)
		技能比赛获奖情况(反映操作技能水平,包括数量和层次)
		资历(反映工作经验)

第七章 科技人才评价的政策建议

第一节 宏观政策补充建议

一、制定科技人才政策框架

（一）明确科技人才培养政策

明确科技人才培养政策是确保培养体系有效运行的重要一环。首先，建立奖助体系，包括制定奖学金、科研项目资助等政策，鼓励优秀的科技人才从事研究工作。通过奖励体系，激发科技人才的学术热情，提高其科研动力。其次，设立创新基地和实验室，包括资助设立创新基地和实验室，为科技人才提供先进的科研设备和实践平台。这有助于培养科技人才的实际操作能力和创新意识。再次，推动产学研结合。建立科技人才培养政策时，可以鼓励高校和研究机构与产业界合作，推动产学研结合的培养模式。这有助于培养更符合实际需求的科技人才，提高其产业适应性。复次，注重跨学科培养。推动科技人才在不同学科领域间的跨界培养，培养具有综合素质的科技人才，有助于解决跨学科问题，推动科技创新。最后，建立评价机制，对高校和研究机构的培养成果进行评估。这有助于持续优化培养体系,确保培养出更符合科技发展需求的高水平科技人才。通过明确科技人才培养政策,可以为高校和研究机构提供清晰的方向,促进科技人才培养体系的协同发展。

（二）建立科技人才引进政策

建立科技人才引进政策是促进科技人才队伍建设的关键一环。首先,提供丰厚的引进待遇,包括高水平薪资、额外的奖金和福利待遇等,以吸引国际和国内优秀的科技人才。丰厚的引进待遇有助于提高科技人才的工作满意度,并增加其对组织的归属感。其次,简化入职手续。通过简化引进人才的入职手续,减少冗长的流程和烦琐的文件办理,提高引进效率。这有助于科技人才更快地融入组织,并尽早开始科研工作。再次,提供科研经费支持,帮助科技人才更好地开展研究工作,提高他们的科研产出和创新能力。复次,注重个性化待遇。了解引进人才的个体需求和期望,提供个性化的引进待遇,使其更好地适应新的工作环境和生活条件。最后,建立长效激励机制。除了初次引进时的待遇,建立长效的激励机制,如晋升通道、职业发展规划等,以留住科技人才并激发其持续的工作热情。通过建立科技人才引进政策,国家可以更有针对性地吸引和留住高水平的科技人才,推动科技创新和发展。

（三）设立科技人才激励政策

设立科技人才激励政策是激发科技人才创新潜力和推动科技发展的重要手段。首先,设立科研成果奖励,以奖励其在科研创新中取得的实质性成果。奖励可以包括荣誉、奖金、科研经费等,激发科技人才的创新积极性。其次,提供专利权益激励。从政策层面鼓励科技人才申请专利，并设立专利权益激励机制，如提供专利奖励、专利持有人权益等。这有助于保护科技成果，提高科技人才的创新动力。再次，建立科研项目支持机制，为科技人才提供更多的科研项目机会和资金支持，促进其在前沿领域的研究和创新。复次，注重绩效评估。将激励与科技人才的实际绩效挂钩，建立科学公正的绩效评估机制，确保激励政策的有效性。最后，设立创新团队激励措施。为鼓励团队合作和创新，政策可以设立创新团队激励措施，奖励团队取得的卓越科研成果。这有助于培养团队协作精神和推动团队创新。通过设立科技人才激励政策，国家可以更有力地激发科技人才的创新潜力，推动科技发展走上更加繁荣的道路。

（四）优化科技人才流动政策

优化科技人才流动政策是为了激发科技人才的创新潜力，促进知识交流和经验分享。首先，建立跨单位合作机制。从政策层面鼓励不同单位之间建立合作机制，促进科技人才在不同单位之间的流动。这有助于打破单位之间的壁垒，推动科技成果的跨界应用和创新。其次，制定灵活流动奖励政策。政策可以设立流动奖励机制，为科技人才在不同单位之间流动提供一定的奖励，包括经济奖励、职称晋升等。这有助于吸引科技人才参与流动，推动他们更积极地拓展工作经历。再次，简化流动手续，减少流动过程中的行政障碍，提高流动的便捷性。这有助于科技人才更顺畅地在不同单位之间流动，促进知识和经验的传播。复次，强调国际化流动，鼓励科技人才参与国际性的科研合作和项目，提供相应的支持措施，促进国际科技人才的流动。这有助于加强国际科技合作，推动科技领域的全球创新。最后，设立流动经验认可制度，使科技人才在流动后的经验能够得到充分认可。这有助于提高科技人才流动的积极性。通过优化科技人才流动政策,国家可以更好地激发科技人才的创新活力,推动科技领域的跨界合作和发展。

二、建立激励机制和奖励体系

(一)设立卓越成就奖项

在建立激励机制和奖励体系的第一层,着重设立卓越成就奖项,包括国家级、地方级的科技成就奖项,以表彰在科研、技术创新领域取得杰出成就的科技人才。设立这样的奖项不仅可以为科技人才带来荣誉,还能够激励他们在科研中追求卓越。首先,设立国家级的卓越成就奖项。国家级奖项通常具有更高的知名度和权威性,可以吸引更多科技人才的参与。这种奖项按不同领域设置,如自然科学、工程技术、医学等,以全面表彰不同领域的卓越成就。其次,设立地方级的卓越成就奖项。地方级奖项可以更贴近地方科技发展的需求,激励本地区的科技人才做出更卓越的贡献。这有助于推动地方科技创新和产业发展。再次,设立特殊贡献奖项。除了领域性的卓越成就奖项外,可以设立特殊贡献奖项,表彰在推动科技创新、产业升级等方面有杰出贡献的科技人才。这有助于激发科技人才在产业发展中发挥更大的作用。复次,注重公正评选。建立公正透明的评选机制,确保奖项的评选公正无私。可以邀请专业评审团队,对提名人进行严格评审,确保奖项的真实性和权威性。最后,将奖项与科技人才的职称评定挂钩。设立卓越成就奖项可以作为科技人才职业发展的一部分,与职称评定相结合,进一步激励科技人才的积极性。通过设立卓越成就奖项,可以为科技人才提供明确的奋斗目标,激励他们在科技领域取得更卓越的成就。

（二）建立项目绩效考核机制

在第二层，强调建立项目绩效考核机制，这是推动科技人才更加积极参与项目工作的有效手段。首先，明确项目目标和关键绩效指标。在建立项目绩效考核机制前，需要确保项目的目标和关键绩效指标明确清晰，包括项目的技术目标、创新成果、进度计划等。只有在明确项目目标的基础上，才能有效进行绩效考核。其次，建立量化的绩效评估体系。绩效考核需要建立可量化的评估体系，以便客观评估科技人才在项目中的表现，可以采用具体的指标来衡量，如项目进度是否按计划进行、创新成果的质量等。量化的评估有助于公正地对科技人才进行绩效评估。再次，设立奖励机制激励卓越表现。在项目绩效考核机制中，引入奖励机制是重要的激励手段。对于在项目中取得卓越成就的科技人才，可以给予额外的奖励，如奖金、晋升机会、荣誉证书等，以激发他们更大的工作热情。复次，建立持续改进机制。项目绩效考核机制应具备灵活性，能够随项目的进展进行调整和改进，包括定期进行反馈和评估，根据实际情况调整考核指标和奖励机制，确保考核机制的有效性和适应性。最后，注重团队协作的考核。通过评估科技人才在团队中的协作能力、信息共享、问题解决等方面的表现，建立更全面的项目绩效考核机制。通过建立项目绩效考核机制，可以更有效地激励科技人才在项目中发挥创新力，提高项目的整体绩效水平。

（三）设立科技人才创新基金

在第三层，强调设立科技人才创新基金。通过设立专门的创新基金，为科技人才提供经费支持，帮助他们在科研项目中更加灵活地运用资源，推动科技创新。这有助于提高科技人才的创新动力和实际研究能力。首先,明确基金的目的和使用范围。在设立科技人才创新基金之前,需要明确基金的目的和使用范围,是用于支持个体科技人才的研究项目,还是用于团队协作的创新计划。明确基金的目标有助于更好地定位资金的使用方向。其次,建立透明的申请和评审机制。确保科技人才能够公平、公正地申请和获取创新基金,需要建立透明的申请和评审机制。设立一个由专业领域的专家组成的独立评审委员会,对申请提案进行评审,确保经费的分配符合科研的质量和创新水平。再次,注重项目成果的追踪和评估。设立科技人才创新基金的目的是推动科研项目的实质性成果,因此需要注重对项目成果的追踪和评估。建立有效的成果评估机制,确保基金的使用能够真正促进科技创新。复次,提供灵活的资金管理机制。科研项目的需求常常是灵活多变的,因此创新基金的资金管理机制应该具有一定的灵活性。科技人才可以根据项目的实际需求,合理利用基金,促进更加有针对性地创新。最后,建立知识分享和交流平台。除了资金支持外,科技人才创新基金还可以通过建立知识分享和交流平台,促进科技人才之间的合作与交流。这有助于形成更加活跃的创新生态,推动科技人才共同成长。通过这些措施,科技人才创新基金可以更好地发挥促进科研创新的作用,为科技人才提供更好的支持和激励。

(四)建立产学研合作激励机制

建立产学研合作激励机制是促进科技创新与产业发展的重要步骤。首先,明确合作奖励的标准和条件。在建立产学研合作激励机制时,需要明确合作奖励的评定标准和达标条件。这可以包括合作项目的质量、成果转化的效果、产业影响力等方面,确保奖励机制具有明确的标准,能够激励高水平的合作成果。其次,设立技术转让奖励机制。

除了合作奖励外，技术转让奖励也是重要的激励手段。通过设立技术转让奖，鼓励科技人才将研究成果应用于产业实践，推动科技创新更直接地服务于社会经济。再次，建立产学研交流平台。为了促进产学研合作，建立一个交流平台是必要的。这个平台可以提供产业界和科研机构增进了解、对接合作的机会，促进双方更深层次的合作。同时，可以通过这个平台分享成功的案例，激发更多科技人才参与合作。复次，强调长期合作的奖励机制。鼓励长期、深度的产学研合作对于促进科技成果的转化和产业发展至关重要。因此，奖励机制可以侧重于长期合作关系的建立和深化，为科技人才提供更稳定的激励。最后，确保奖励机制的公正性和透明性。建立产学研合作激励机制时，需要确保奖励的评定过程公正透明。这可以通过设立独立的评审委员会，由专业人士组成，对合作成果进行评审，确保奖励机制的公正性。建立起完善的产学研合作激励机制，将有助于促进科技创新与产业发展的深度融合，推动科技人才更积极地参与实际产业合作。

三、加强国际科技人才合作

在宏观层面，需要加强国际科技人才合作。通过建立国际性的科研项目、合作机构，吸引和培养国际优秀科技人才，促进跨国科技创新。此外，也可以通过双向流动的方式，让本国科技人才在国际合作中积累经验，提高整体水平。

(一)建立国际科研项目

建立国际科研项目是促进科技人才合作和全球科技创新的重要手段。首先，确定合作主题和目标。在建立国际科研项目时，明确合作主体和项目目标非常重要。这可以通过与合作伙伴充分沟通,共同确定感兴趣的研究领域和共同的目标,确保合作项目符合各方的科研方向和期望。其次,建立稳固的合作团队。科研项目的成功离不开团队的协同合作,特别是在国际合作中更需要具备跨文化的团队合作能力。确保项目团队成员之间的沟通畅通,明确各自的职责和任务,形成一个高效的国际科研合作团队。再次,协调资源投入和分工合作。国际科研项目通常涉及多个国家和组织,要合理协调各方的资源投入和任务分工。建立透明的资源分配机制,确保各方都能够得到公平的回报,增强合作的可持续性。复次,设立国际交流与合作平台。为了促进国际科研项目的顺利实施,建立一个国际交流与合作平台是必要的。这个平台可以用于成员间的在线交流、资源共享、实时更新项目进展等,提高项目管理的效率。最后,强调知识产权和成果共享。在国际科研合作中,知识产权和成果共享是关键问题。在合作协议中明确双方对知识产权的处理和研究成果的共享机制,确保各方在项目结束后都能够得到应有的权益。建立国际科研项目将更有利于推动科技人才的国际合作,促进全球科技创新的发展。

(二)设立国际科技合作机构

设立国际科技合作机构是促进不同国家科技人才之间深度合作的有效手段。首先,明确合作机构的定位和任务。在设立国际科技合作机构之前,需要明确机构的定位和任务。机构可以致力于特定领域的研究,也可以跨越多个领域。明确机构的任务有助于吸引合适的科技人才参与。其次,建立合适的管理体系和组织架构。合作机构需要一个清晰的管理体系和组织架构以确保科技合作项目的有效实施,包括设立专业的管理团队、明确各部门职责等。建立透明的管理机制有助于提高机构的运作效率。再次,拓展国际合作网络。国际科技合作机构应该积极拓展国际合作网络,与其他国际机构、大学、研究机构建立合作关系。这有助于引进更多优秀科技人才和资源,推动国际科技合作的深度和广度。复次,注重团队建设和人才培养。为了确保合作机构的可持续发展,需要注重团队建设和人才培养。通过建立良好的团队氛围,激发团队成员的创新潜力。同时,提供培训和发展机会,帮助团队成员不断提升自己的科技水平。最后,设立项目评估和成果分享机制。建立科技合作项目的评估机制,确保项目的科研成果符合预期目标;同时,建立成果分享机制,鼓励机构内外的科技人才共享研究成果,推动知识的传播和交流。设立国际科技合作机构可以更好地促进不同国家科技人才之间的深度合作,推动科技研究和创新的全球发展。

（三）引进国际优秀科技人才

引进国际优秀科技人才是促进科技创新的有效途径。首先,制定吸引政策和待遇。建立吸引国际优秀科技人才的政策和待遇体系,包括提供丰厚的薪资和福利、提供科研经费支持、简化入职手续等。这些政策和待遇应该有竞争力,能够吸引到国际上有卓越科技成就的人才。其次,开展全球性的招聘活动,包括在知名科研机构、高校、科技企业等开展宣传和招募。这有助于扩大招聘范围,吸引更多优秀科技人才的关注。再次,建立专业的评审和选拔机制,确保引进的科技人才真正具备卓越的科研水平。建立专业的评审和选拔机制,包括专家评审、面试等环节,以确保引进的人才符合国家科技发展的需求。复次,提供良好的科研环境和支持。为国际科技人才提供良好的科研环境,包括先进的实验设备、丰富的科研资源等。同时,为其提供专业的支持团队,协助其在新的科研领域取得突破性成果。最后,建立长期合作机制。引进国际优秀科技人才不是一次性的事务,还需要建立长期的合作机制。通过与引进人才签订长期合作协议,提供稳定的职业发展和科研支持,使其更好地融入国家的科技创新体系。通过这些建议,国家可以更有针对性地引进国际优秀科技人才,为科技领域的发展注入更多的创新力量。

(四)推动本国科技人才国际交流

推动本国科技人才国际交流是促进科技创新和国际合作的关键步骤。首先,提供支持和鼓励。建立相应的资金支持和奖励机制,鼓励本国科技人才参与国际交流活动,包括资助参加国际学术会议、支持国际合作项目等,为科技人才提供参与国际交流的经济支持。其次,建立合作平台。推动建立国际性的科技合作平台,使本国科技人才更容易与国际同行合作。这可以包括建设国际性研究中心、实验室,或与其他国家的科研机构建立战略合作伙伴关系。再次,设立交流计划。制订国际科技人才交流计划,支持本国科技人才到国际知名研究机构、企业进行访学、合作研究等活动。同时,也欢迎国际科技人才到本国进行交流合作,促进双向的科技资源共享。复次,提供培训机会。通过组织国际研讨会、工作坊等活动,为本国科技人才提供学习和交流的机会。这有助于拓宽科技人才的国际视野,提高其在国际合作中的竞争力。最后,加强国际交流的宣传和推广。通过科技媒体、社交媒体等渠道,宣传本国科技人才在国际上的成就和交流活动,提高国际知名度。这有助于吸引更多国际科技人才与本国科技人才进行深度合作。通过这些措施,国家可以更好地推动本国科技人才参与国际交流,促进科技创新和国际科技合作的深度发展。

四、优化科技人才流动政策

(一)建立跨单位流动机制

建立跨单位流动机制是一个具有前瞻性和战略性的步骤。首先，明确流动机制的目标，确保建立的跨单位流动机制符合国家科技发展战略。明确流动的目标可以促进知识和经验的交流，提高科技人才的综合素质，推动科技创新。其次，制订流动计划和政策，包括流动期限、流动岗位设置、流动人员的激励和支持等。这需要综合考虑科技人才的实际需求和流动的可行性，确保政策的灵活性和可执行性。再次，提供激励和支持。设立激励措施，如流动奖励、晋升机制等，以激发科技人才的流动意愿。同时，提供必要的支持，包括在新单位的培训、融入支持等，确保流动的顺利进行。复次，建立流动信息平台，提供流动岗位信息、科技人才需求信息等，方便科技人才获取流动机会。这有助于建立科技人才流动的信息化管理系统，提高流动的透明度和效率。最后，建立流动经验分享和总结机制。建立流动人员的经验分享机制，通过组织交流会、经验分享会等，促使科技人才分享在不同单位的学习和成长经历。同时，定期总结流动的效果，优化流动机制，确保其对科技人才的发展产生积极影响。通过以上措施，可以建立起一个完善的跨单位流动机制，为科技人才提供更广阔的发展空间，推动科技创新和人才培养的协同发展。

(二)促进城市间科技人才流动

促进城市间科技人才流动，首先，设立科技人才流动计划，为科技人才提供更多的机会和平台，让他们在不同城市之间进行更加自由地流动。这有助于打破地域限制,让优秀的科技人才能够更广泛地服务于不同地区的科技发展。其次,提供优厚的流动待遇,包括更高的薪酬、更好的福利待遇,以及其他激励措施,使科技人才更愿意考虑城市间的流动。这样的激励措施可以帮助吸引更多优秀的科技人才参与到流动计划中,推动科技创新和发展。通过科技人才流动计划,科技人才能够更全面地了解不同城市的科技发展需求。这将促进知识和经验的交流,有助于优化科技人才的分布,使科技人才能够更好地适应不同地区的科技发展特点。城市间的流动性不仅有助于个体科技人才的成长,也有助于各城市科技生态系统的共同繁荣。总体而言,这个层面的探讨为促进城市间科技人才流动提供了实质性的方案,有望在推动科技创新和城市发展方面产生积极的影响。

（三）支持国际科技人才流动

支持国际科技人才流动是一个具有前瞻性的举措。首先,制定国际科技人才流动政策,为科技人才提供更便利的出国合作机会,激发其参与全球科技创新的积极性。这样的政策不仅能够拓宽科技人才的国际视野,还能够为其提供更广阔的合作平台,促使他们在全球范围内分享知识和经验。其次,吸引国际科技人才来华合作。中国作为科技创新的一个重要力量,通过吸引国际科技人才,可以进一步提升自身的科技水平。跨国合作不仅有助于推动中国科技领域的发展,也能够融合不同国家的科技优势,推动全球科技创新的步伐。国际科技人才的流动还可以促进科技成果的共享与传播。不同国家的科技人才汇聚在一起,可以形成更具创造力和创新型的团队,共同攻克科技难题,有助于构建更加开放、包容的科技创新生态系统,为解决全球性的科技问题提供更多可能性。总的来说,支持国际科技人才流动是一个有益的战略,有望为推动全球科技创新和合作搭建更为广阔的平台。通过促进国际科技人才的交流与合作，各国可以共同迎接科技发展的挑战，实现共赢的局面。

（四）设立科技人才流动奖励机制

设立科技人才流动奖励机制可以有效激励科技人才更积极地参与流动。这种正向激励能够让科技人才在流动过程中更加努力、投入，从而提高流动的效果和产出。这样的奖励机制还有助于建立更活跃的科技人才流动体系。科技人才在不同城市或国家之间的流动往往需要面对一系列的适应性挑战，包括新的工作环境、团队文化等。设立流动奖励，可以让科技人才更有信心和动力去应对这些挑战，从而促进流动体系的形成和发展。此外，科技人才流动奖励机制也能够为科技人才提供更多的职业发展机会。那些在流动过程中表现出色的科技人才可以得到更多的认可和机会，这对于他们的职业发展具有积极的影响。总体而言，设立科技人才流动奖励机制是一个非常巧妙的设计，能够在激励科技人才流动的同时，促进科技人才的职业发展和流动体系的健康发展，可以更好地引导科技人才的行为，推动科技领域的创新和发展。

五、加强产学研合作机制

（一）设立产学研合作平台

设立产学研合作平台是一个非常具有前瞻性的举措。首先，可以为科技人才与产业之间搭建起便捷的合作通道。科技园区和产业联盟等形式的平台可以为企业和研究机构提供一个共同的空间，促使双方更加紧密合作，实现产学研的深度融合。其次，有助于促进信息和技术的共享与交流。在科技园区或联盟中,不同领域的企业和研究机构可以更容易地共享各自的最新成果和发现。这种信息的流通促进了知识的传播和创新的加速,对于推动科技进步具有积极的作用。再次,提供资源共享的机会。企业可以利用研究机构的专业知识和实验设备,而研究机构则能够获得更多实际应用的机会。这样的互惠互利关系有助于优化资源配置,推动产学研合作向更加深入、广泛的方向发展。总体来说,建立产学研合作平台是加强产学研合作机制的重要一环,有望为科技创新提供更加良好的环境和条件。设立产学研合作平台,可以促进更多实际问题的解决,推动科技成果更好地转化为实际生产力。

(二)建立科技成果转化机制

建立科技成果转化机制是非常关键的一环。首先,制定政策和设立科技成果转化基金,为科技人才提供资金支持,降低科技成果转化的经济门槛。这有助于激发科技人才的创新热情,使他们更有动力将科研成果应用到实际生产中去。此外,还能够加速科技成果从实验室到市场的过渡。科技成果通常需要额外的资金和资源支持来进行商业化和产业化,而科技成果转化基金可以填补这方面的资金缺口,推动科技成果更快速地走向市场,实现商业化应用。其次,建立科技成果转化机制,增加科技人才在产业界的影响力和贡献度。通过将科技成果应用到实际产业中,科技人才可以为产业发展带来更大的创新和竞争力。这也有助于提升科技人才在产业界的地位,促使更多科技人才投身于产学研合作,形成良性的创新生态系统。总的来说,建立科技成果转化机制是加强产学研合作的重要手段之一,可以在更大范围内推动科技成果的转化,促进科技与产业的深度融合,实现更多创新成果的商业化应用。

(三)鼓励企业设立研发中心

鼓励企业设立研发中心是加强产学研合作的一项重要举措。通过税收优惠和科研项目支持等政策,为企业设立研发中心提供更多经济激励。这种激励措施有助于降低企业的研发成本,提高研发投入的积极性,从而促使更多企业建立起自己的研发中心。与此同时,鼓励企业设立研发中心也有助于建立企业与科技人才之间更深度的合作关系。研发中心是科技创新的重要平台,企业与研发中心开展深度合作,能够充分利用科技人才的创新能力和专业知识。这种合作模式有助于使科技人才更好地融入企业的发展战略中,推动产学研合作的深度和广度。另外,鼓励企业设立研发中心也可以促进企业的技术升级和转型。通过自主研发和创新,企业能够更好地适应市场的变化,提高产品和服务的竞争力,对于推动整个产业的发展具有积极的促进作用。总体而言,鼓励企业设立研发中心是一项战略性的举措,有望促进企业与科技人才之间更加紧密地开展合作,推动产学研合作不断深入发展。通过政策支持,可以为企业搭建更加良好的创新平台,推动科技创新成果更好地服务于产业发展。

(四)设立产业科技奖励机制

设立产业科技奖励机制是巩固产学研合作的重要手段。通过对在产业科技创新中取得突出成就的科技人才进行奖励,可以有效激发他们的积极性和创新激情,有助于推动更多科技人才参与产业创新,提高整个产业的创新水平。这样的奖励机制也有助于树立榜样和引领示范效应。通过对取得突出成就的科技人才进行奖励,可以为其他科技人才树立榜样,激发更多人投身到产业科技创新中,有助于形成积极向上的科技创新文化,推动整个产业的科技发展。另外,设立产业科技奖励机制也可以促进产学研合作的深度和广度。科技人才在产业科技创新中的突出表现往往离不开产业界和研究机构的合作,通过奖励机制,可以促使更多的科技人才参与到产学研合作中,推动创新成果更好地应用于实际产业中。总体而言,对科技人才的突出贡献给予公正、明确的奖励,可以在激发科技创新热情的同时,推动产学研合作不断迈向更高水平,为产业的可持续发展提供更强有力的支持。

第二节　科技人才评价及激励政策建议

一、建立科技人才评价体系

(一)明确评价目标和指标体系

明确的评价目标和指标体系是科技人才评价机制的基础,对于科技人才的培养和引领科技发展方向都具有重要的意义。首先,通过政府牵头制定科技人才评价的总体目标,能够为科技人才提供清晰的发展方向和期望,有助于形成整体上对科技人才发展方向的引导,促使科技人才更加有针对性地投入符合国家需求的科技领域。其次,科学、全面的评价指标体系能够更全面地反映科技人才的综合素质。考虑到科技人才的多样性,评价指标体系应该涵盖多个方面,如科技项目的参与贡献、学术论文数量与质量、技术创新能力、团队协作等。这有助于避免片面评价,更全面地反映科技人才在不同领域和层面的贡献。最后,在制定指标体系时,还应考虑到时代的变化和科技发展的趋势,确保评价体系具有前瞻性和适应性。这有助于使科技人才的评价体系更贴近时代潮流，激励其在新兴领域和前沿科技方向上取得更大的成就。总体而言，明确评价目标和体系有助于形成科技人才发展的正向激励机制，促使更多的人才为国家科技事业的发展做出更有价值的贡献。

（二）建立综合评价模型

建立综合评价模型是非常必要的，它能够更全面、客观地了解科技人才在各个方面的表现。首先，通过考虑各项指标的权重分配，更准确地反映不同指标对科技人才综合素质的重要性。这有助于避免因某一方面表现突出而导致的片面评价，使评价更加客观公正。其次，建立综合评价模型有助于综合考虑科技人才在不同领域和层面的表现。科技人才的工作往往涉及多个方面，如科研、项目管理、团队协作等，综合评价模型可以有效整合这些方面的信息，形成全面的评价结果。此外，综合评价模型还能够促进科技人才在多个方面的全面发展。因为科技人才知道自己在哪些方面受到了更多的关注，有助于他们更有针对性地提升相应的技能和素质，使自己在综合评价中取得更好的成绩。总体而言，建立综合评价模型是提高科技人才评价的科学性和准确性的有效途径。

（三）制定评价标准和量化方法

制定明确的评价标准和量化方法是科技人才评价机制的关键一环。首先，通过明确评价标准，可以确保评价的客观性和可比性。这有助于避免主观评价的偏见，使评价更具有科学性和公正性。明确的标准也能够为科技人才提供清晰的发展方向，让其更明确地知道在哪些方面需要提升。其次，建立科学的量化方法可以进一步提高评价的科学性和公正性。通过评分体系和数据分析工具,可以将主观评价转化为客观数据,避免主观因素的干扰。这有助于提高评价的客观性,让评价结果更具有说服力。量化方法也为科技人才提供了具体的绩效数据,帮助他们更好地了解自己在各方面的表现。此外,科学的量化方法还有助于进行横向和纵向的比较分析。通过对不同科技人才的数据进行比较,可以发现优势和不足之处,为科技人才的进一步发展提供有针对性的建议。同时,也能够跟踪科技人才在不同时间点的发展情况,形成动态评价,促进其持续进步。总体而言,通过科学、客观的评价,可以更好地引导科技人才的发展,推动科技领域的不断创新和进步。

二、制订科技人才培训计划

(一)明确培训目标和内容

明确培训目标和内容是科技人才培训的基础。首先,政府与企事业单位共同制定培训的总体目标,能够确保培训计划不仅满足政府政策和战略目标,同时也满足企业和行业的具体需求,使培训更加有针对性。其次,明确需要提升的技能和知识领域,使培训内容更具实效性。科技领域的知识和技能不断发展变化,因此,培训内容应该紧跟时代潮流。政府与企事业单位的合作能够确保培训内容满足科技人才的前瞻性需求,使其具备应对未来挑战的能力。明确培训目标和内容还有助于形成科技人才培训的系统性和连续性。通过连续不断地培训,科技人才能够在不同阶段不断提升自己的技能水平,适应自身能力水平的不断发展变化。这有助于构建一支稳健的科技人才队伍,为国家科技创新提供更强大的支持。总体而言,政府与企事业单位的共同制定培训目标和内容,能够充分发挥各方的优势,使培训更加切合实际需求,为科技人才的全面发展奠定坚实的基础。

（二）设立培训基金和机构

设立培训基金和培训机构是推动科技人才培训的有效手段。首先,政府出资设立培训基金,为企事业单位提供培训经费支持,降低培训成本。这种资金支持有助于激发企业参与培训的积极性,使更多科技人才能够受益于培训计划。其次,建立专门的培训机构,确保培训计划的组织和实施更加专业和系统。这些机构应该由专业人才组成,具备科技人才培训的专业知识和经验。通过建立机构,能够更好地组织培训课程、制订培训计划,确保培训活动的质量和效果。培训机构还能够提供多种形式的培训,包括线上线下培训、短期长期培训等,以满足不同科技人才的需求和时间安排。这种灵活性有助于更好地适应科技人才的工作和学习需求,提高培训的实用性和参与度。总体而言,政府、企事业单位和培训机构的合作能够充分发挥各方的优势,为科技人才的培养提供全方位的支持。

（三）激励企业参与培训计划

激励企业参与培训计划是可以通过多种激励措施来实现。首先,给予企业税收优惠。通过减免企业培训支出部分的税款,可以降低企业的培训成本,提高其参与培训计划的积极性。其次,提供培训津贴。政府可以为参与培训的企业提供一定比例的培训津贴,以减轻其负担。这有助于企业更主动地投入培训计划中,使更多员工能够受益于培训。最后,政府可以与企业签订战略合作协议,将培训计划纳入企业的人才发展战略中。通过建立长期合作关系,政府和企业可以共同制订培训计划,确保培训内容符合企业实际需求,提高培训的实效性。激励企业参与培训计划有助于形成政府、企业和科技人才之间的合作共赢机制。政府提供支持,企业获得人才培训的好处,科技人才获得提升自身技能的机会,实现了各方的利益平衡,推动了整个科技人才培训体系的良性发展。

三、推动科技人才支持政策

(一)设立项目支持基金

设立项目支持基金是非常有效的一项举措。首先,政府通过预算拨款或设立专门的基金,为科技人才提供项目支持,能够降低他们在项目启动阶段的经济压力。这种资金支持能够使科技人才更加专注于项目的科研工作,提高项目的创新性和实施效果。其次,项目支持基金可以为科技人才提供研究经费,确保项目的顺利进行。科技研究通常需要大量的研究设备、实验材料等资源,而充足的经费支持能够确保科技人才在研究过程中没有财务上的困扰,更好地推动项目的进展。最后,项目支持基金能够为科技人才提供更大的创新空间。有了经济支持,科技人才将更勇于尝试前沿领域的研究,从而推动科技创新边界的不断拓展。这种创新空间的扩大有助于培养更多高水平的科技人才,推动科技领域的发展。总体而言,设立项目支持基金,为科技人才提供了必要的资源支持,有助于提高他们的科研能力和项目的创新水平;也符合政府对科技创新的战略支持,为科技领域的发展奠定了坚实的基础。

(二)提高科技项目经费投入

提高科技项目经费投入是促进科技创新的必要手段。首先,政府通过调整财政预算，增加对科技项目的经费投入，能够确保科技人才在研究和创新过程中有足够的资源支持。这对于解决科技研究中常常面临的资金不足问题具有积极的促进作用，有助于提升科技项目的实施效果。其次，提高科技项目经费投入有助于吸引更多科技人才投身科研领域。充足的经费支持可以为科技人才提供更好的研究条件和福利待遇，激发他们更积极地参与研究和创新活动。这种吸引力有助于培养更多高水平的科技人才，推动整个科技领域的发展。最后，提高科技项目经费投入也有助于推动科技成果的取得。充足的经费支持可以提高科技项目的研究水平，促进科技成果更快、更好地转化为实际应用。这有助于推动科技领域的创新，为社会经济发展提供更多有力的支持。总体而言，通过增加经费投入，政府能够更好地支持科技人才的研究和创新活动，推动科技领域的不断发展。

（三）建立项目评审和监管机制

建立项目评审和监管机制是确保科技项目支持政策的公平性和有效性的重要手段。首先，通过建立科学的项目评审机制，政府可以在项目资助的过程中确保公平竞争和资源的合理配置。科学的评审机制能够根据项目的科研水平、创新性等因素，客观地评估项目的价值，确保资金被用于更具有潜力的科技项目。其次，加强对项目执行过程的监管，有助于保证经费使用的合理性。通过建立监管机制，政府能够对项目的进展、经费使用等方面进行实时监控，确保项目按照既定计划和目标进行。这有助于防范项目中的滥用经费等问题，提高科技项目的执行效果。最后，建立项目评审和监管机制也有助于确保项目成果的真实性。通过对项目的评审和监管，政府可以更好地了解项目的研究进展，及时发现问题并进行调整。这有助于防范项目成果的夸大和虚假，提高科技项目的信誉和影响力。总体而言,通过公正的评审和有效的监管,政府能够更好地引导科技项目的发展,确保科技项目支持政策的有效实施,为科技创新提供更有力的支持。

四、促进学术交流和合作

(一)资助学术交流活动

资助学术交流活动是为科技人才提供广阔学术视野和促进合作创新的重要途径。首先,政府提供资金,支持科技人才参与国际和国内的学术会议、研讨会等活动。这有助于降低科技人才参与学术交流的负担,使更多人受益。其次,资助学术交流活动有助于扩大科技人才的学术视野。参与不同领域、不同国家的学术交流活动,科技人才能够接触到最新的研究成果、学术观点,了解不同文化和科技发展的前沿动态,有助于拓展学术思路,提高创新能力,推动科技领域的发展。最后,资助学术交流活动还能够促进跨领域的合作和创新。在学术交流活动中,科技人才有机会与其他领域的专业人士进行深入交流,促成跨学科的合作,推动不同领域的知识融合,为创新提供更丰富的资源和思想支持。总体而言,政府通过提供资金支持,能够鼓励更多科技人才积极参与学术交流,为科技领域的发展注入新的活力。

(二)设立学术合作基金

设立学术合作基金是促进科技人才之间深度合作的有力方式。首先,政府通过设立专门的基金为科技人才提供资金支持,能够鼓励他们积极参与学术合作。这种资金支持可以用于合作研究项目、联合论文发表等,为科技人才提供更多展示和交流的机会。其次,学术合作基金有助于加强科技人才之间的跨机构、跨领域合作。通过为跨机构的合作提供资金支持，政府能够推动不同机构之间的合作项目，促进知识和资源的共享。这有助于打破学科壁垒，促成更多跨领域的合作，推动科技创新的综合发展。最后，学术合作基金也能够提高科技人才的学术影响力。通过支持合作研究项目，政府可以帮助科技人才在国际学术舞台上展示其研究成果，增加其在学术界的知名度。这有助于提升科技人才的学术声誉，进一步推动科技领域的国际化发展。总体而言，设立学术合作基金推动科技人才之间的深度合作，促进技术创新和知识共享，为科技领域的协同发展提供了重要的支持和保障。

（三）建立国际性合作平台

建立国际性合作平台是推动科技人才跨国学术研究的重要手段。首先，推动建设国际性科技合作平台，能够为科技人才进行跨国学术研究提供更便利的条件。这种平台可以提供国际的合作机会、资源共享和信息交流，为科技人才打通国际交流的渠道，推动科技研究的国际化。其次，国际性合作平台有助于促进国际的科技交流和合作。在这个平台上，科技人才可以更容易地与来自不同国家的同行展开合作研究项目，促进知识的跨文化融合。这不仅有助于提升科技人才的研究水平，也能够推动全球科技领域的共同发展。最后，建立国际性合作平台还能够为科技人才提供更广阔的发展空间。通过国际合作，科技人才可以接触到不同国家的研究资源、科技政策和创新理念，从而拓宽学术视野，提高科技研究的深度和广度。总体而言，政府通过支持和引导平台建设，有助于为科技人才提供更广阔的合作机会，推动科技领域的国际合作与发展。

（四）鼓励跨领域学术合作

鼓励跨领域学术合作是促进创新性研究和提高科技人才整体水平的重要措施。首先，建立奖励机制，为跨领域学术合作提供激励。设立奖项或提供额外的经费支持，能够吸引更多科技人才跨越不同学科领域，推动跨领域研究的开展。这有助于促进不同领域之间的交流和合作，推动创新型研究的形成。其次，建立科学的评价体系。通过设立明确的评价标准，政府能够客观地评估科技人才在跨领域学术合作中的贡献。这种评价体系可以将跨领域学术合作的价值纳入考核范围，鼓励科技人才积极参与跨学科合作，提高整体水平。最后，设立专门的资助计划，为跨领域研究项目提供经费支持。这种资助计划能够降低跨领域研究的经济难度，激励科技人才勇于尝试不同领域的合作，促进学科之间的交叉创新。总体而言，政府通过提供激励、建立评价体系和提供资助等方式，能够为科技人才跨领域学术合作创造良好的环境，推动科技研究的跨学科发展。

五、建立科技人才激励机制

（一）设立科技人才奖励

设立科技人才奖励是激励科技人才创新的重要手段。首先，设立各类科技人才奖项，能够公正公平地表彰在科技领域取得卓越成就的个人和团队。这种奖励体系可以覆盖不同层次、不同领域的科技人才，激发广泛的创新热情。其次，科技人才奖励有助于提高科技人才的社会地位和影响力。获得科技人才奖项的个人和团队能够得到社会的认可和尊重，有助于激发更多人投身科技创新工作。同时，奖项的设立也可以为科技人才提供更广泛的合作机会,推动科技创新的协同发展。最后,科技人才奖励还能够起到示范和引领的作用。被奖励的科技人才成为其他科技从业者的榜样,可以鼓舞更多人投身科技创新。这种示范效应有助于形成积极的科技创新氛围,推动整个科技领域的进步。总体而言,政府通过建立完善的奖励机制,能够更好地调动科技人才的积极性和创造力,推动科技创新的不断发展。

(二)提供职称晋升路径

提供职称晋升路径是一种有效的激励措施,能够为科技人才提供明确的职业发展路径和认可机制。首先,设立明确的职称评定标准和流程,能够为科技人才提供公正公平的评价体系。这种评价体系可以客观地衡量科技人才在科研、创新等方面的综合能力,为他们的职称晋升提供清晰的依据。其次,职称晋升是对个体能力的明确认可。通过职称的晋升,向科技人才传递了对其科研、创新成就的认可信号,激发他们的职业动力和创新热情。这有助于提高科技人才的工作满意度,增强其对科技事业的投入。最后,职称晋升也为科技人才提供了更广阔的职业发展空间。不同级别的职称代表着不同层次的职业水平和责任,科技人才可以通过不断提升职称,实现在科技领域的更高层次的发展。这有助于形成一种积极向上的职业发展氛围,推动科技人才的不断成长。总体而言,政府通过建立公正的评价机制,能够更好地激发科技人才的积极性和创新潜力,推动科技事业的长远发展。

(三)建立绩效考核机制

建立绩效考核机制是激励科技人才更加努力和出色工作的关键手

段。首先,设立科技人才的绩效考核标准,能够更客观地评价他们在科研、创新等方面的表现。将科技成果、项目经验等因素纳入考核范围,有助于综合评估科技人才的全面能力,为其提供发展方向和改进空间。其次,绩效考核机制能够为科技人才提供明确的工作目标和激励机制。通过设定明确的考核指标和奖惩机制,政府可以引导科技人才集中精力、投入更多时间和精力进行创新性研究。这有助于形成科技人才积极工作的氛围,推动科技创新的不断发展。最后,绩效考核机制还能够提高科技人才的工作动力和职业满意度。通过公正公平的绩效考核,政府可以激发科技人才的工作激情,使其更有动力投身科技创新工作。这有助于提高科技人才的职业满意度,增强其对科技事业的忠诚度。总体而言,政府通过设定科学的考核标准,能够更好地激发科技人才的工作热情,推动科技创新事业的健康发展。

(四)设立科技人才发展基金

设立科技人才发展基金是对科技人才的全方位支持,也是促进科技人才个人发展和专业成长的重要途径。首先,设立专项基金能够为科技人才提供资金支持,促进他们参与学术交流、进修学习等活动。这有助于扩大科技人才的学术视野,提高其在科研和创新领域的专业水平。其次,科技人才发展基金能够支持科技人才的创新项目实施。通过为科技人才提供项目启动资金和研究经费等支持,政府可以帮助他们更好地开展创新性研究。这有助于推动科技人才在科技创新领域取得更多的成果,提高其在科技界的影响力。最后,科技人才发展基金还能够提高科技人才的职业满意度和忠诚度。政府通过为科技人才提供个人发展支持,表明对其价值的认可,激发其对科技事业的热情,有助于推动形成积极向上的科技创新氛围,推动科技人才的全面发展。总体而言,政府通过为科技人才提供资金支持,能够更好地促进科技人才的成长和进步,推动科技创新事业的蓬勃发展。

第三节　科技人才科创发展相关政策建议

一、支持科技人才个人发展计划

（一）提供个性化培训机会

提供个性化培训机会是确保科技人才发展计划的针对性和有效性的关键措施。首先,政府可以通过建立培训基地和提供在线培训平台,为科技人才提供多样化的学科培训资源。这能够满足科技人才个性化的学科需求,确保培训内容与其专业领域和发展方向紧密匹配。其次,个性化培训机会有助于提高科技人才的专业水平。根据个体需求设计培训课程,能够确保培训内容更加贴近科技人才的实际工作和研究需求。这有助于提高科技人才的专业技能和知识水平,推动其在科技创新领域的更好表现。最后,政府还可以通过制定相关政策,鼓励科技人才主动参与个性化培训。例如,提供学费补贴、奖励措施等激励手段,鼓励科技人才积极参与培训,不断提升个人能力和水平。总体而言,政府通过建立灵活多样的培训体系,能够更好地满足科技人才的个性化需求,推动他们在科技领域的全面发展。

（二）设立专业指导服务

设立专业指导服务是为科技人才提供个性化职业规划和发展支持

的重要手段。首先,政府可以建立专业的指导团队,由有经验的科技专业人士担任导师。这些导师可以根据科技人才的专业领域、兴趣和发展目标,提供个性化的职业规划建议。这有助于科技人才更好地了解行业发展趋势,明确个人发展方向,提高职业发展的针对性和有效性。其次,专业指导服务能够帮助科技人才充分发挥个人潜力。通过与导师的深入沟通和交流,科技人才可以更好地认识自己的优势和劣势,了解行业内的机遇和挑战。导师可以为其提供有针对性的建议,帮助他们在职业生涯中克服困难、突破瓶颈,实现个人潜力的最大限度发挥。最后,政府还可以通过设立专业指导服务的奖励机制,鼓励科技人才积极参与导师制度。通过奖励措施,政府能够提高科技人才参与专业指导服务的积极性,推动导师与科技人才之间的深度合作。总体而言,政府通过建立导师团队和奖励机制,能够促进科技人才与经验丰富的专业导师之间的有效互动,推动科技人才的职业成长。

（三）资助学术研究计划

资助学术研究计划是为科技人才提供深入学术研究的支持,促进其在学术领域发展的有效手段。首先,政府通过设立基金,能够为科技人才提供资金支持,用于个人学术研究项目的实施。这种资助机制能够降低科技人才在学术研究中的经济压力,激发其参与高水平学术研究的积极性。其次,资助学术研究计划有助于促进科技成果的产出。通过为科技人才提供资金支持,政府可以帮助他们更好地开展深入的学术研究,推动科技创新成果的不断涌现。这有助于提高科技人才在学术界的声望和地位,推动其在学术领域的进步。最后,政府还可以建立科学的评审机制,确保资助学术研究计划的公正和有效。通过严格的评审,政府能够选择具有潜力和创新性的学术研究项目进行资助,提高科技人才在学术研究中的贡献度。总体而言，政府通过建立资助基金和科学评审机制，能够更好地促进科技人才在学术领域的发展，推动学术研究水平的提升。

（四）建立交流平台

建立交流平台是为科技人才提供更广泛、更深入交流的关键措施。首先，政府可以通过组织行业交流活动，为科技人才提供实体交流的机会。这种面对面的交流平台有助于促进经验分享、知识传递，加强科技人才之间的合作与互动。其次，建设在线社区是为科技人才提供虚拟交流平台的有效途径。政府可以支持搭建专业领域的在线社区，让科技人才能够随时随地进行交流、讨论。这种在线社区有助于打破地域限制，促进全球范围内的科技人才交流与合作。最后，政府还可以通过奖励机制，鼓励科技人才积极参与交流。例如，设立交流活动的奖励，提供参与交流的经费支持等激励手段，能够增强科技人才参与交流平台的积极性。总体而言，政府通过组织实体和虚拟的交流平台，能够拓宽科技人才的视野，促使他们更广泛地参与科技创新活动，推动科技领域的协同发展。

二、提供创新项目资金支持

（一）设立科技创新基金

设立科技创新基金是推动科技人才创新活动的重要举措。首先，政府通过投入资金建立专项基金，为科技人才提供创新项目的资助。这种财政支持有助于解决创新项目启动和运行中的经费需求，降低科技人才在创新过程中的经济负担，从而推动更多科技创新项目的产生。

其次,科技创新基金能够加速创新成果的产生。通过为科技人才提供资金支持,政府可以激发其积极性,推动他们更加专注、深入地进行创新性研究。这有助于提高科技创新项目的质量和水平,促使更多创新成果的涌现。最后,政府还可以建立科学的评审机制,确保科技创新基金的使用效果。通过对创新项目进行评审,政府能够选择具有潜力和实际应用前景的项目进行资助,提高科技创新的整体效益。总体而言,政府通过建立专项基金和科学评审机制,能够更好地促进科技创新活动,推动科技领域的不断进步。

(二)设立科研项目拨款

设立科研项目拨款是为科技人才提供必要项目经费支持的关键政策。首先,政府可以制定明确的科研项目拨款政策,确保科技人才在进行创新研究时能够获得足够的项目经费。这有助于解决科技项目启动和运行中的财务需求,降低科技人才在研究过程中的经济负担,使其能够更专注、更深入地从事创新研究。其次,科研项目拨款能够促进科技成果的产出。通过为科技人才提供充足的项目经费支持,政府可以激发他们更积极地投入科研项目中,提高项目的研究深度和广度。这有助于形成推动更多高水平的科技成果,提升科技人才在学术界和产业界的影响力。最后,政府还可以建立透明、公正的项目拨款评审体系,确保拨款政策的公平和合理。通过严格的评审,政府能够选择具有创新潜力和实际应用前景的科研项目进行资助,提高科研项目的整体质量。总体而言,政府通过制定明确政策和建立评审机制,能够更好地促进科技创新活动,推动科技领域的进步。

三、建立科技人才导师制度

（一）设立科技创新奖项

科技创新奖项的设立确实是一个极具前瞻性的举措。首先，最佳创新团队奖的设立可以鼓励团队协作，推动集体智慧的发挥，使得科技创新不再是个体英雄的表演，而是团队共同努力的结果。这种奖项不仅仅是对个人的认可，更是对团队协作和创新文化的肯定。其次，最佳科技创新成果奖的设立能够将科技成果转化为实际的荣誉和奖励，激励更多科研人员投入前沿科技研究中。这也有助于推动科技成果的转化和应用，促进科技创新对社会和产业的实际贡献。通过奖项的设立，科研人员将更有动力去攻克科技难题，取得创新性的突破。最后，这些奖项还可以在社会上树立起尊重科技创新的价值观念，提升科技人才在社会中的地位和影响力。科技创新奖项的颁发仪式可以成为一个引起社会关注的盛大活动，吸引更多人投身科技研究，为社会发展作出更大的贡献。总体而言，通过设立科技创新奖项，可以更好地激发科技人才的创新潜力，推动科技对社会的积极影响。

（二）设立科研成果奖励

科研成果奖励制度的设立是一个切实可行的政策建议。首先，通过对在科研项目中取得重要成果的科技人才进行奖励，可以明确表达社会对科研工作的重视和认可。这种正面激励将对科研人才的工作积极性产生积极影响，鼓励他们更加努力地投入科研工作，提高科研项目的质量和效率。其次，科研成果奖励制度有助于建立一个公正的评价机制。评选和奖励那些在科研项目中取得显著成果的科技人才，可以促使他们更加注重实际成果的产出,而不仅仅是论文的发表数量。这样的评价机制能够更全面地反映科研人员的实际贡献,推动科研活动朝着实用价值更高的方向发展。最后,科研成果奖励制度还可以在一定程度上缓解科研人员面临的经济压力,为他们提供一定的物质激励。这有助于吸引更多有潜力的科研人才加入科研领域,形成更加强大的科技创新团队。总体而言,科研成果奖励制度的设立是对科研人员努力的一种实际支持和鼓励,有助于促进科研项目的顺利推进,推动科技创新向更高水平迈进。

（三）设立科技创业奖励

科技创业奖励的设立确实是促进科技创新与实际应用结合的重要举措。首先,通过表彰在科技创业领域取得杰出业绩的创业者和团队,可以为创业者树立榜样,激发更多科技人才投身创业实践。这种正面的社会认可可以增强创业者的信心,推动他们更积极地将科技成果转化为实际商业价值。其次,科技创业奖励有助于建立起创新创业的良性循环。通过对杰出业绩的表彰,可以吸引更多投资者和企业家关注科技创业领域,吸引资本流入,促进创新创业生态系统的健康发展。这样的奖励机制有助于形成一个支持科技创业的社会氛围,推动更多创新项目的涌现。最后,科技创业奖励也可以为创业者提供一定的物质支持,缓解创业初期面临的资金压力。这对于创新型企业的生存和发展至关重要,有助于推动更多有潜力的科技项目进入市场。总体而言,科技创业奖励的设立是对科技创业者努力和创新实践的一种肯定和支持,可以进一步推动科技成果向市场转化,促进科技创新对经济和社会的积极影响。

（四）设立人才引进奖励

设立人才引进奖励政策确实是推动科技创新和发展的重要一环。首先，通过提供一次性奖金、住房补贴等激励措施，可以大大提高本地区吸引高层次科技人才的竞争力。这种物质上的优惠对于科技人才的生活和工作环境都有积极影响，是一种直接的吸引力。其次，人才引进奖励政策有助于加强科技人才的跨地域流动，促进知识和经验的交流。吸引外地和国际的优秀科技人才，可以带来新的思维和技术，推动本地区科技创新水平的迅速提升。这有助于构建更加开放、融合的科技创新生态系统。最后，人才引进奖励政策还可以缓解人才流失的问题，留住更多本地的科技人才。在激烈的人才竞争中，提供奖励和优厚的待遇可以让本地的科技人才感受到自己的价值和被重视，增强他们留在本地从事科技工作的意愿。总体而言，人才引进奖励政策是为了吸引、留住和激发高层次科技人才的积极性，有助于构建更有活力和创新力的科技社区，为地区的科技创新和发展提供强大的支持。

四、鼓励科技人才参与技术转移

（一）设立技术转移奖励

技术转移奖励是一个非常有前瞻性的政策建议。首先，通过对成功实施技术转移的科技人才和团队进行奖励，可以有效地激发他们参与将科技成果应用于实际市场的积极性。这种奖励机制不仅能够对科研人员起到一种激励作用，还能够推动科技成果更快速地转化为实际产品和服务，从而更好地造福社会。其次，技术转移奖励机制有助于构建起一个有利于技术创新和市场应用结合的生态系统。通过表彰成功的技术转移案例,可以提供宝贵的经验教训,促使更多的科技成果走向市场。这样的机制有助于形成一个积极的循环,推动科技创新更好地满足实际需求。最后,技术转移奖励还有助于提高社会对技术转移工作的认知和重视程度。通过在社会层面上进行表彰,可以引起公众的关注,推动社会更加重视科技成果的实际应用和经济效益。这有助于构建一个更加理解和支持科技创新的社会氛围。总的来说,技术转移奖励机制是对科技人才在将成果转化为实际应用方面付出努力的一种肯定和激励。通过这样的政策,我们可以更好地促进科技成果的实际应用,推动科技创新成果更好地服务社会。

(二)提供专业培训支持

提供专业培训支持是非常重要的一环。首先,通过设立专门的培训计划,可以为科技人才提供系统化、专业化的知识和技能培训,使他们更好地理解和应对技术转移和商业化的挑战。这样的培训计划可以帮助科技人才更全面地了解市场需求、商业运作和知识产权等方面的知识,提升他们在技术转移过程中的专业素养。其次,专业培训支持有助于搭建科技人才与产业界、商业机构之间的桥梁。通过培训,科技人才可以建立起更多的产业联系,了解市场动态,与潜在合作伙伴建立更紧密的合作关系。这样的联结有助于促进技术转移更加顺利地实施,加速科技成果向市场的转化。最后,专业培训还可以提供创新思维和商业意识的培养,使科技人才更具创业精神和市场敏感性。这对于推动科技创新走向市场,培育更多成功的科技创业者具有重要的意义。总体而言,提供专业培训支持是为科技人才提供必要的工具和知识,使其更好地适应技术转移和商业化的需求。通过这样的培训计划,可以培养更具竞争力的科技人才队伍,推动科技成果更好地融入市场。

(三)建立技术转移平台

建立技术转移平台是一个非常实用的措施。首先,技术转移平台为科技人才提供了一个共享资源和信息的空间,促进科技成果的共享和推广。通过这样的平台,科技人才可以更容易地获取其他领域的技术信息,寻找潜在的合作伙伴,加速科技成果的传播和应用。其次,技术转移平台有助于构建一个跨学科、跨行业的合作网络。通过平台上的交流活动、研讨会等形式,科技人才可以与不同领域的专家和企业家建立联系,促进跨界合作,为科技成果的转移提供更广泛的合作机会。这样的合作网络有助于提高科技成果的综合应用能力,推动技术创新向更广泛的领域渗透。最后,技术转移平台还可以作为一个信息交流和技术咨询的中心,为科技人才提供更多实用的支持和服务。这包括市场调研、知识产权咨询、商业化计划等方面的帮助,帮助科技人才更好地应对技术转移和商业化的各种挑战。总体而言,建立技术转移平台是为科技人才提供一个全面支持和合作的平台,有助于加速科技成果的推广和应用,构建更加开放、协同的科技创新生态系统,推动科技成果更好地服务社会。

(四)设立技术创业支持基金

设立技术创业支持基金是一个具有激励性和引导性的政策建议。首先,通过提供启动资金和支持,可以帮助有创新技术想法的科技人才更容易地启动自己的创业项目。这种资金支持可以缓解创业初期的经济压力,使创业者更专注于技术研发和市场推广,促进更多有潜力的科技项目的涌现。其次,技术创业支持基金可以促进科技成果更好地转化为实际商业价值。通过为创业者提供资金支持,基金可以帮助他们更好地推动技术创新项目进入市场,促进科技成果的商业化。这对于加速科技成果向实际应用的转变,推动科技创新对经济和社会的贡献具有积极作用。最后,技术创业支持基金还可以吸引更多投资者关注科技创业领域。政府的资金注入往往可以引导私人投资,形成规模更大的资金池,为创新项目提供更多的投资机会。这有助于构建更健康的科技创业生态系统,推动科技创业更好地融入市场。总体而言,技术创业支持基金的设立是为科技创业者提供一个有力的支持和激励,有助于推动更多有创新技术想法的科技人才投身技术创业,促进科技成果更好地为社会创造价值。

(五)提供法律支持和知识产权保护

提供法律支持和知识产权保护是确保科技人才安心进行技术创新和转移的关键措施。首先,建立健全的法律框架可以为科技人才提供明确的法律规范和保障,包括知识产权法等在内的法规,能够为技术创新和转移提供有力的法律依据,保护科技人才的权益,降低其在创新过程中的法律风险。其次,加强知识产权的保护对于科技人才的创新活动至关重要。政府可以采取完善知识产权法律体系、提供知识产权登记和保护服务等手段,确保科技人才的创新成果得到充分的法律保护。这有助于鼓励科技人才更加积极地投身创新工作,放心地进行技术转移,而不用担心创新成果被侵权或盗用。最后,提供法律支持还包括帮助科技人才解决在技术转移过程中可能遇到的法律问题,例如合同纠纷、知识产权纠纷等。通过提供法律咨询和支持,可以降低科技人才在创新和转移过程中的法律风险,增强他们的信心,增加他们的安全感。总体而言,建立健全的法律框架和强化知识产权保护,可以为科技创新提供更稳妥的法律保障,促进科技成果更好地为社会创造价值。

（六）加强产业与科研机构合作

加强产业与科研机构合作是非常关键的一项政策。首先，鼓励紧密的合作关系可以实现产业和科研机构之间的信息共享和资源整合。这既有助于科研机构更好地了解产业的实际需求，也有助于产业更及时地获取科技创新的最新成果，从而推动科技成果更迅速地得到应用，推动技术转移的顺利进行。其次，加强合作可以促进科技成果的产业化。产业与科研机构之间的合作可以提供更多的实际场景和市场反馈，有助于科技成果更好地适应市场需求，加速科技成果的商业化进程。最后，加强产业与科研机构的合作也有助于人才流动和技术交流，从而使科研人员有机会深入了解产业的运作方式，产业也有机会受益于科研机构的创新思维和技术能力，进而形成更加有活力和创新性的科技生态系统。总的来说，加强产业与科研机构的合作是促进技术转移和创新成果实际应用的有效途径，可以更好地将科技成果融入产业，推动科技创新更好地服务社会和经济发展。

参考文献

[1]张冬平."六路"并进加强青年科技人才培养[J].中国人才,2021(8):86-87.

[2]刘云,王雪静.评价改革释放人才创新活力—党的十八大以来科技人才评价制度改革回眸[J].中国人才,2022(10):41-43.

[3]张永利,房健.发达国家科技人才发展战略的启示:以河北省为例[J].人才资源开发,2022(21):12-15.

[4]邓子立.德国科技人才开发和评价的国际经验与启示[J].中国人事科学,2020(8):49-58.

[5]方阳春,贾丹,王美洁.科技人才任职资格评价标准及方法研究:基于国内外先进经验的借鉴[J].科研管理,2016,37(S):318-323.

[6]丰晨.基于知识资本的价值分配机制与效果探讨[D].南昌:江西财经大学,2022.

[7]梁恒.做好人才评价的后半篇文章[J].中国人才,2022(4):55.

[8]萧鸣政,楼政杰,王琼伟,等.中国人才评价的作用及十年成就与未来展望[J].中国领导科学,2022(6):47-55.

[9]胡晓龙,石琳,马安妮.基于胜任力模型的高校创业型人才培养模式研究[J].黑龙江高教研究,2020,38(7):106-110.

[10]西楠.人才测评开发视角下的党政人才胜任素质模型研究[D].北

京首都经济贸易大学,2016.

[11]石丹阳.领导胜任力模型构建及其应用研究基于地方国土资源部门的调查[D].北京首都经济贸易大学,2017.

[12]盛楠,孟凡祥.姜滨,等.创新驱动战略下科技人才评价体系建设研[J].科研管理,2016,37(S1):602-606.

[13]崔颖.基于层次分析法的河南科技创新人才创新能力评价研究[J].科技进步与对策,2012,29(6):112-116.

[14]王红军,陈劲.高层次高技术创新型人才培养模式研究[J].科技进步与对策,2012,29(7):152-155.

[15]胡利哲,宋家宁.自然资源高层次科技人才评价指标体系构建研究[J].中国人事科学,2021(11):80-86.

[16]科技部,人力资源和社会保障部,教育部,等.国家中长期科技人才发展规划(2010—2020年)[M].北京:科学技术文献出版社,2011:3.

[17]朱浩.我国科技人才评价的问题与制度建设:以科技人才生态位为坐标[J].系统科学学报,2019,27(1):77-81.

[18]阎光才,研究型大学中本科教学与科学研究间关系失衡的迷局[J].高等教育研究,2012(07):38-45.

[19]杨月坤,查椰,国外科技人才评价经验的启示与借鉴:基于英国、美国、德国的研究[J].科学管理研究,2020(01):160-165.

[20]童锋,"双一流"高校人才分类评价的实践探索与理念重构[J].中国高校科技,2020(11):31-35.

[21]徐芳,李晓轩.科技人才评价改革试点"三多三少"如何破解[N].光明日报,2023-05-25:16.

[22]小智解读|科技人才实践篇:五步构建科技人才评价新体系[EB/OL].（2022-11-04）[2023-12-08]. https://roll. sohu. com/a/

602703288_121123704.

[23]胡德鑫,纪璇.美国研究型大学科技人才培养的革新路径与演进机理[J].研究生教育研究,2022(8):80-89.

[24]赵振霞.基于BP神经网络的企业科技人才评价研究[D].中北大学学位论文,2019.

[25]杨世辉.科技型企业科技人才评价探索研究[J].当代石油石化,2023(8):55-58.

[26]李红锦,等.科技人才分类评价改革能否促进高校科研水平的高质量发展:基于9所高校改革试点的准自然实验[J].中国科技论坛,2021(10):114-123,179.

[27]穆智蕊.科技人才评价框架体系构建探讨[J].科技人才,2023(1):63-67.

[28]林芬芬,邓晓.构建使命导向的科技人才评价体系研究[J].科学学与科学技术管理,2023(10):27-36.

[29]孙彦玲,孙锐.科技人才评价的逻辑框架、实践困境与对策分析[J].科学学与科学技术管理,2023(10):46-62.

[30]王茜,董震海.余杭区打造长三角国际化高端"人才特区"的探索与建议[J].今日科技,2021(11):30-31,48.

[31]冯凌,孙锐.构建面向高质量发展的区域人才发展治理体系以北京市海淀区为例[J].中国科技人才,2022(1):49-58.

[32]张吉,王超,潘媛媛.深圳市南山区人才吸引力水平评价分析[J].人力资源开发,2019(15):13-14.

[33]刘晓燕.为创新而生为未来而谋:中国科学院深圳先进技术研究院人才强院之路[J].中国人才,2023(8),15-17.